1 角の二等分線と線分の比
△ABC において，∠A の二等分線と辺 BC との交点をDとするとき
AB：AC＝BD：DC

2 三角形の重心・内心・外心
重心
三角形の3本の中線の交点

内心
三角形の3つの内角の二等分線の交点

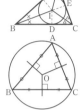

外心
三角形の3つの辺の垂直二等分線の交点

傍心
三角形の1つの内角と他の外角の二等分線の交点

垂心
三角形の3つの頂点から，それぞれの対辺におろした垂線の交点

3 円周角の定理
∠APB＝∠AP′B
∠APB＝$\frac{1}{2}$∠AOB

4 メネラウスの定理・チェバの定理
メネラウスの定理
$$\frac{BP}{PC}\cdot\frac{CQ}{QA}\cdot\frac{AR}{RB}=1$$

チェバの定理
$$\frac{BP}{PC}\cdot\frac{CQ}{QA}\cdot\frac{AR}{RB}=1$$

JN073224

[2] 1つの内角は，それに向かい合う内角の外角に等しい。

6 接線と弦のつくる角
∠TAB＝∠ACB

7 方べきの定理
・円の2つの弦 AB, CD の交点，または，それらの延長の交点をPとするとき
PA・PB＝PC・PD

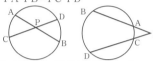

・円の弦 AB の延長と円周上の点Tにおける接線が点Pで交わるとき
PA・PB＝PT²

8 三垂線の定理
[1] PO⊥α, OA⊥l ならば PA⊥l
[2] PO⊥α, PA⊥l ならば OA⊥l
[3] PA⊥l, OA⊥l, PO⊥OA ならば PO⊥α

9 多面体
多面体

四角柱　五角柱　四角錐　六角錐

正多面体

正四面体　正六面体　正八面体

正十二面体　正二十面体

10 オイラーの多面体定理
凸多面体の頂点の数を v，辺の数を e，面の数を f とすると　$v-e+f=2$

数A707　新編数学A〈準拠〉

スパイラル
数学 A

　本書は，実教出版発行の教科書「新編数学A」の内容に完全準拠した問題集です。教科書と本書を一緒に勉強することで，教科書の内容を着実に理解し，学習効果が高められるよう編修してあります。

　教科書の例・例題・応用例題・CHECK・章末問題・思考力 PLUS に対応する問題には，教科書の該当ページが示してあります。教科書を参考にしながら，本書の問題をくり返し解くことによって，教科書の「基礎・基本の確実な定着」を図ることができます。

本書の構成

まとめと要項―――― 項目ごとに，重要事項や要点をまとめました。

SPIRAL A― 基礎的な問題です。教科書の例・例題に対応した問題です。

SPIRAL B― やや発展的な問題です。主に教科書の応用例題に対応した問題です。

SPIRAL C― 教科書の思考力 PLUS や章末問題に対応した問題の他に，教科書にない問題も扱っています。

＊マーク――――― ＊印の問題だけを解いていけば，基本的な問題が一通り学習できるように配慮しました。

解答―――――― 巻末に，答の数値と図などをのせました。

別冊解答集―――― それぞれの問題について，詳しく解答をのせました。

実教出版

2

学習の進め方

SPIRAL A

教科書の例・例題レベルで構成されています。反復的に学習することで理解を確かな
ものにしていきましょう。

> *13　$A = \{1,\ 3,\ 5,\ 7,\ 9\}$, $B = \{1,\ 2,\ 3,\ 4,\ 5\}$ のとき，$n(A \cup B)$ を求めよ。
> ▶國p.11 例8

SPIRAL B

教科書の応用例題のレベルの問題と，やや難易度の高い応用問題で構成されています。
SPIRAL A の練習を終えたあと，思考力を高めたい場合に取り組んでください。

> 39　次の数について，正の約数の個数を求めよ。　▶國p.21 応用例題2
> 　　(1)　27　　　　　(2)　96　　　　*(3)　216　　　　*(4)　540

SPIRAL C

教科書の思考力 PLUS や章末問題レベルを含む，入試レベルの問題で構成されています。
「例題」に取り組んで思考力のポイントを理解してから，類題を解いていきましょう。

> 例題 2 | 　SQUARE の 6 文字を 1 列に並べるとき，U，A，E については，左から
> この順になるような並べ方は何通りあるか。　▶國p.67 章末10
>
> 解 | U，A，E の 3 文字を□で置きかえた　　SQ□□R□
> の 6 文字を並べかえ，□には左から順に U，A，E を入れると考えればよい。
> 　　　　　　　　　　　　　　　　←たとえば，□QR□□S は ⓊQR ⒶⒺS
> よって，求める並べ方の総数は，□3個を含む6個の文字の並べ方の総数と等しいので
> $$\frac{6!}{3!1!1!1!} = \frac{6 \cdot 5 \cdot 4 \cdot 3 \cdot 2 \cdot 1}{3 \cdot 2 \cdot 1} = 120\ (通り)　答$$
>
> 67　PENCIL の 6 文字を 1 列に並べるとき，E，I については，左からこの順
> になるような並べ方は何通りあるか。

例 8

$A = \{1,\ 2,\ 3,\ 4,\ 5\}$, $B = \{2,\ 4,\ 6\}$ のとき, $n(A \cup B)$ を求めてみよう。

$n(A) = 5$, $n(B) = 3$

また, $A \cap B = \{2,\ 4\}$ より $n(A \cap B) = 2$

よって

$n(A \cup B) = n(A) + n(B) - n(A \cap B) = 5 + 3 - 2 = 6$

新編数学A　p.11

正の約数の個数

応用例題 2

72 の正の約数の個数を求めよ。

考え方

$72 = 2^3 \times 3^2$ であるから, 72 の正の約数は, 2^3 の正の約数の1つと 3^2 の正の約数の1つの積で表される。

解　72 を素因数分解すると

$$72 = 2^3 \times 3^2$$

ゆえに, 72 の正の約数は, 2^3 の正の約数の1つと 3^2 の正の約数の1つの積で表される。

2^3 の正の約数は　1, 2, 2^2, 2^3 の4個あり,

3^2 の正の約数は　1, 3, 3^2 の3個ある。

	1	3	3^2
1	1	3	9
2	2	6	18
2^2	4	12	36
2^3	8	24	72

$2^3 \times 3$

よって, 72 の正の約数の個数は, 積の法則より

$$4 \times 3 = 12\,(個)$$

新編数学A　p.21

---

10 CHERRY の6文字を1列に並べるとき, C, H, E の　◀ p.34
3文字については, 左からこの順になるような並べ方は何通りあるか。

新編数学A　p.67　章末問題

目次

1章 場合の数と確率

2章 図形の性質

3章 数学と人間の活動

問題数　**SPIRAL** A：134（284）
　　　　SPIRAL B：109（209）
　　　　SPIRAL C：21（34）

合計問題数　264（527）

注：（ ）内の数字は，各問題の小分けされた問題数

1節 場合の数

÷1 集合と要素 (p.6〜7は, 数学Ⅰ「集合」p.28〜30と同じ内容)

▶教 p.4〜p.9

1 集合
集合 ある特定の性質をもつもの全体の集まり
要素 集合を構成している個々のもの
$a \in A$ aは集合Aに属する (aが集合Aの要素である)
$b \notin A$ bは集合Aに属さない (bが集合Aの要素でない)

2 集合の表し方
① { } の中に, 要素を書き並べる。
② { } の中に, 要素の満たす条件を書く。

3 部分集合
$A \subset B$ AはBの**部分集合** (Aのすべての要素がBの要素になっている)
$A = B$ AとBは**等しい** (AとBの要素がすべて一致している)
空集合 $\varnothing$ 要素を1つももたない集合

4 共通部分と和集合/補集合/ド・モルガンの法則
共通部分 $A \cap B$ A, Bのどちらにも属する要素全体からなる集合
和集合 $A \cup B$ A, Bの少なくとも一方に属する要素全体からなる集合
補集合 $\overline{A}$ 全体集合Uの中で, 集合Aに属さない要素全体からなる集合
ド・モルガンの法則 [1] $\overline{A \cup B} = \overline{A} \cap \overline{B}$ [2] $\overline{A \cap B} = \overline{A} \cup \overline{B}$

SPIRAL A

1 10以下の正の奇数の集合をAとするとき, 次の □ に, $\in$, $\notin$ のうち適する記号を入れよ。 ▶教p.4例1
*(1) 3 □ A (2) 6 □ A *(3) 11 □ A

2 次の集合を, 要素を書き並べる方法で表せ。 ▶教p.5例2
(1) $A = \{x \mid x は 12 の正の約数\}$
*(2) $B = \{x \mid x > -3, x は整数\}$

3 次の集合A, Bについて, □ に, $\supset$, $\subset$, $=$ のうち最も適する記号を入れよ。 ▶教p.6例3
*(1) $A = \{1, 5, 9\}$, $B = \{1, 3, 5, 7, 9\}$ について A □ B
(2) $A = \{x \mid x は1桁の素数全体\}$, $B = \{2, 3, 5, 7\}$ について
A □ B
*(3) $A = \{x \mid x は 20 以下の自然数で 3 の倍数\}$,
$B = \{x \mid x は 20 以下の自然数で 6 の倍数\}$ について A □ B

4　次の集合の部分集合をすべて書き表せ。　▶國p.6例4

*(1)　$\{3,\ 5\}$　　　　*(2)　$\{2,\ 4,\ 6\}$　　　(3)　$\{a,\ b,\ c,\ d\}$

5　$A = \{1,\ 3,\ 5,\ 7\}$,　$B = \{2,\ 3,\ 5,\ 7\}$,　$C = \{2,\ 4\}$ のとき，次の集合を求めよ。　▶國p.7例5

*(1)　$A \cap B$　　　(2)　$A \cup B$　　*(3)　$B \cup C$　　　(4)　$A \cap C$

*6　$A = \{x \mid -3 < x < 4,\ x は実数\}$, $B = \{x \mid -1 < x < 6,\ x は実数\}$ のとき，次の集合を求めよ。　▶國p.7例6

(1)　$A \cap B$　　　　　　　　(2)　$A \cup B$

7　$U = \{1,\ 2,\ 3,\ 4,\ 5,\ 6,\ 7,\ 8,\ 9,\ 10\}$ を全体集合とするとき，その部分集合 $A = \{1,\ 2,\ 3,\ 4,\ 5,\ 6\}$, $B = \{5,\ 6,\ 7,\ 8\}$ について，次の集合を求めよ。　▶國p.8例題1

*(1)　$\overline{A}$　　　　　　　　(2)　$\overline{B}$

8　$U = \{1,\ 2,\ 3,\ 4,\ 5,\ 6,\ 7,\ 8,\ 9,\ 10\}$ を全体集合とするとき，その部分集合 $A = \{1,\ 3,\ 5,\ 7,\ 9\}$, $B = \{1,\ 2,\ 3,\ 6\}$ について，次の集合を求めよ。　▶國p.8例題1

*(1)　$\overline{A \cap B}$　　(2)　$\overline{A \cup B}$　　*(3)　$\overline{A} \cup B$　　(4)　$A \cap \overline{B}$

SPIRAL B

*9　次の集合を，要素を書き並べる方法で表せ。　▶國p.5例2

(1)　$A = \{2x \mid x は1桁の自然数\}$

(2)　$A = \{x^2 \mid -2 \leqq x \leqq 2,\ x は整数\}$

10　次の集合 A, B について，$A \cap B$ と $A \cup B$ を求めよ。　▶國p.7例6

(1)　$A = \{n \mid n は1桁の正の4の倍数\}$,　$B = \{n \mid n は1桁の正の偶数\}$

*(2)　$A = \{3n \mid n は6以下の自然数\}$,　$B = \{3n-1 \mid n は6以下の自然数\}$

11　$U = \{x \mid 10 \leqq x \leqq 20,\ x は整数\}$ を全体集合とするとき，その部分集合 $A = \{x \mid x は3の倍数,\ x \in U\}$,　$B = \{x \mid x は5の倍数,\ x \in U\}$ について，次の集合を求めよ。　▶國p.8例題1

*(1)　$\overline{A}$　　　(2)　$A \cap B$　　*(3)　$\overline{A} \cap B$　　(4)　$\overline{A} \cup \overline{B}$

2　集合の要素の個数

▶教p.10〜p.15

1 集合の要素の個数
集合 A の要素の個数が有限個のとき，その個数を $n(A)$ で表す。

2 和集合の要素の個数
2つの集合 A, B について
[1] $A \cap B = \emptyset$ のとき　$n(A \cup B) = n(A) + n(B)$
[2] $A \cap B \neq \emptyset$ のとき　$n(A \cup B) = n(A) + n(B) - n(A \cap B)$

3 補集合の要素の個数
全体集合を U，その部分集合を A とすると　$n(\overline{A}) = n(U) - n(A)$

SPIRAL A

*12　70以下の自然数を全体集合とするとき，次の集合の要素の個数を求めよ。
(1)　7の倍数　　　　　　　　(2)　6の倍数　　　▶教p.10例7

*13　$A = \{1,\ 3,\ 5,\ 7,\ 9\}$, $B = \{1,\ 2,\ 3,\ 4,\ 5\}$ のとき，$n(A \cup B)$ を求めよ。
▶教p.11例8

14　80以下の自然数のうち，次のような数の個数を求めよ。　▶教p.12例題2
(1)　3の倍数かつ5の倍数　　　*(2)　6の倍数または8の倍数

15　80以下の自然数のうち，次のような数の個数を求めよ。　▶教p.13例9
*(1)　8で割り切れない数　　　(2)　13で割り切れない数

SPIRAL B

16　100以下の自然数のうち，3の倍数の集合を A，4の倍数の集合を B とするとき，次の個数を求めよ。　▶教p.12例題2
(1)　$n(A)$　　　(2)　$n(B)$　　　*(3)　$n(A \cap B)$　　　(4)　$n(A \cup B)$

*17　100人の生徒のうち，本aを読んだ生徒は72人，本bを読んだ生徒は60人，aもbも読んだ生徒は45人であった。このとき，次の人数を求めよ。
▶教p.14応用例題1
(1)　aまたはbを読んだ生徒　　　(2)　aもbも読まなかった生徒

*18　全体集合 U とその部分集合 A, B について，$n(U) = 50$, $n(A \cap B) = 19$ のとき，$n(\overline{A} \cup \overline{B})$ を求めよ。

*19　全体集合 U とその部分集合 A, B について，$n(U) = 70$, $n(A) = 30$, $n(B) = 35$, $n(\overline{A \cup B}) = 10$ のとき，$n(A \cap B)$ を求めよ。

20　100 以下の自然数について，6 の倍数の集合を A，7 の倍数の集合を B とするとき，次の個数を求めよ。
　*(1)　$n(\overline{A \cup B})$　　　(2)　$n(A \cap \overline{B})$　　　*(3)　$n(\overline{A} \cap \overline{B})$

21　60 以上 200 以下の自然数のうち，次のような数の個数を求めよ。
　(1)　3 でも 4 でも割り切れる数
　(2)　3 と 4 の少なくとも一方で割り切れる数

*22　320 人の生徒のうち，本 a を読んだ生徒は 115 人，本 b を読んだ生徒は 80 人であった。また，a だけを読んだ生徒は 92 人であった。a も b も読まなかった生徒の人数を求めよ。
▶教 p.14 応用例題1

SPIRAL C

━━━━━━━━━━━━━━━━ 3 つの集合の要素の個数

例題 1　300 以下の自然数のうち，2 または 3 または 5 で割り切れる数の個数を求めよ。
▶教 p.15 思考力➕

考え方　3 つの集合の和集合の要素の個数について，次のことが成り立つ。
　　$n(A \cup B \cup C)$
　　$= n(A) + n(B) + n(C) - n(A \cap B) - n(B \cap C) - n(C \cap A) + n(A \cap B \cap C)$

解　300 以下の自然数のうち，2, 3, 5 の倍数の集合をそれぞれ A, B, C とすると
　　$n(A) = 150$,　　$n(B) = 100$,　　$n(C) = 60$
集合 $A \cap B$ は，2 と 3 の最小公倍数 6 の倍数の集合であるから　$n(A \cap B) = 50$
同様に　$n(B \cap C) = 20$,　　$n(A \cap C) = 30$,　　$n(A \cap B \cap C) = 10$
であるから　　$n(A \cup B \cup C) = 150 + 100 + 60 - 50 - 20 - 30 + 10 = 220$
よって，求める自然数の個数は **220 個**である。　答

23　500 以下の自然数のうち，4 または 6 または 7 で割り切れる数の個数を求めよ。

24　40 人の生徒のうち，通学に電車を使う生徒は 25 人，バスを使う生徒は 23 人であった。電車とバスの両方を使う生徒の数を x 人とするとき，x の値のとり得る範囲を求めよ。

ヒント　24　40 人の生徒の集合を U，電車を使う生徒の集合を A，バスを使う生徒の集合を B として，$n(A) \leqq n(A \cup B) \leqq n(U)$ が成り立つことを用いる。

∴3 場合の数

1 場合の数

起こり得るすべての場合の総数を**場合の数**という。
場合の数を，もれなく，重複なく数えあげるには，
右の図のような**樹形図**や表をかくなどして考える
とよい。

▶教p.16〜p.21

例 100円，50円，10円を用いて
200円を支払う方法

100円(枚)　50円(枚)　10円(枚)

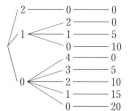

2 和の法則

2つのことがら A，B について，A の起こる場合
が m 通り，B の起こる場合が n 通りあり，それら
が同時には起こらないとき，A または B の起こる
場合の数は　　$m + n$ （通り）

3 積の法則

2つのことがら A，B について，A の起こる場合が m 通りあり，そのそれぞれについ
て B の起こる場合が n 通りずつあるとき，A，B がともに起こる場合の数は
　　　　　　$m \times n$ （通り）

SPIRAL A

*25　500円，100円，50円の3種類の硬貨がたくさんある。これらの硬貨を使
　　って1000円を支払うには，何通りの方法があるか。ただし，使わない硬貨
　　があってもよいものとする。　　　　　　　　　　　　▶教p.16練習14

*26　大中小3個のさいころを同時に投げるとき，目の和が7になる場合は何通
　　りあるか。　　　　　　　　　　　　　　　　　　　　▶教p.17例10

*27　A，Bの2チームが試合を行い，先に3勝した方を優勝とする。最初の2
　　試合について，1試合目はBが勝ち，2試合目はAが勝った場合，優勝が
　　決まるまでの勝敗のつき方は何通りあるか。ただし，引き分けはないもの
　　とする。　　　　　　　　　　　　　　　　　　　　　▶教p.17例題3

28　1個のさいころを2回投げるとき，次の場合の数を求めよ。　▶教p.18練習17
　　*(1)　目の和が3の倍数になる　　　(2)　目の和が7以下になる

*29　パンが3種類，飲み物が4種類ある。この中からそれぞれ1種類ずつ選ぶ
　　とき，選び方は何通りあるか。　　　　　　　　　　　▶教p.19練習18

*30　ある車は車体の色を赤，白，青，黒，緑の5種類，インテリアをA，B，C
　　の3種類から選ぶことができる。車体の色とインテリアの組み合わせ方は
　　何通りあるか。　　　　　　　　　　　　　　　　　　▶教p.19練習18

*31　A高校からB高校への行き方は5通り，B高校からC高校への行き方は4通りある。A高校からB高校に寄って，C高校へ行く行き方は何通りあるか。　▶️教p.20例11

32　大中小3個のさいころを同時に投げるとき，次の問いに答えよ。　▶️教p.20例題4

　*(1)　大，中のさいころの目がそれぞれ偶数で，小のさいころの目が2以上となる出方は何通りあるか。

　(2)　どのさいころの目も素数となる目の出方は何通りあるか。

SPIRAL B

*33　500円硬貨1枚，100円硬貨5枚，10円硬貨4枚で支払うことのできる金額は何通りあるか。ただし，0円は数えないものとする。

*34　次の式を展開したとき，項は何項できるか。

　(1)　$(a+b+c)(x+y+z+w)$　　(2)　$(a+b)(p+q+r)(x+y+z+w)$

*35　3桁の正の整数のうち，次のものは何個あるか。

　(1)　すべての位の数字が奇数　　　(2)　すべての位の数字が偶数

*36　大中小3個のさいころを同時に投げるとき，次の問いに答えよ。

　(1)　目の積が奇数となる目の出方は何通りあるか。

　(2)　目の和が偶数となる目の出方は何通りあるか。

　(3)　目の積が100を超える目の出方は何通りあるか。

37　A市からB市まで行くには，鉄道，バス，タクシー，徒歩の4通りの手段があり，B市からC市まで行くには，バス，タクシー，徒歩の3通りの手段がある。このとき，次の問いに答えよ。

　(1)　A市からB市へ行って，再びA市へもどるとき，同じ手段を使わない行き方は何通りあるか。

　(2)　A市からB市を通ってC市まで行き，再びB市へもどるとき，同じ手段を使わない行き方は何通りあるか。

38　出席番号が1番から5番までの生徒が，1から5までの数字が1つずつ書かれた5枚のカードの中から1枚ずつ選ぶ。このとき，自分の出席番号と同じ数字を選ぶ生徒が1人だけである場合は何通りあるか。

39　次の数について，正の約数の個数を求めよ。　▶️教p.21応用例題2

　(1)　27　　　　(2)　96　　　　*(3)　216　　　*(4)　540

4 順列

▶國 p.22〜p.29

1 順列

異なる n 個のものから異なる r 個を取り出して並べたものを，**n 個のものから r 個取る順列**という。その総数は　$\displaystyle {}_n\mathrm{P}_r = \underbrace{n(n-1)(n-2)\cdots\cdots(n-r+1)}_{r\,個} = \frac{n!}{(n-r)!}$

n の階乗　1 から n までの自然数の積

$$n! = n(n-1)(n-2)\cdots\cdots 3\cdot2\cdot1 \qquad なお,\ 0! = 1\ と定める。$$

2 円順列

いくつかのものを円形に並べる順列を**円順列**という。

異なる n 個のものの円順列の総数は　　$(n-1)!$

3 重複順列

同じものをくり返し使うことを許した場合の順列を**重複順列**という。

n 個のものから r 個取る重複順列の総数は　　n^r

SPIRAL A

40　次の値を求めよ。

▶國 p.23 例12

　*(1)　${}_4\mathrm{P}_2$　　　　(2)　${}_5\mathrm{P}_5$　　　　(3)　${}_6\mathrm{P}_5$　　　*(4)　${}_7\mathrm{P}_1$

*41　5 人の中から 3 人を選んで 1 列に並べるとき，その並べ方は何通りあるか。

▶國 p.23 例13

*42　1 から 9 までの数字が 1 つずつ書かれた 9 枚のカードがある。このカードのうち 4 枚のカードを 1 列に並べてできる 4 桁の整数は何通りあるか。

▶國 p.23 例13

43　次の選び方は何通りあるか。

▶國 p.24 例14

　(1)　12 人の部員の中から部長，副部長を 1 人ずつ選ぶ選び方

　(2)　9 人の選手の中から，リレーの第 1 走者，第 2 走者，第 3 走者を選ぶ選び方

　*(3)　12 人の生徒の中から議長，副議長，書記，会計係を 1 人ずつ選ぶ選び方

*44　1, 2, 3, 4, 5 の 5 つの数字を用いてできる 5 桁の整数は何通りあるか。ただし，同じ数字は用いないものとする。

▶國 p.24 例15

45　1 から 6 までの数字が 1 つずつ書かれた 6 枚のカードがある。このとき，次の問いに答えよ。

▶國 p.25 例題5

　*(1)　このカードのうち 3 枚のカードを 1 列に並べて 3 桁の整数をつくるとき，3 桁の偶数は何通りできるか。

　(2)　このカードのうち 4 枚のカードを 1 列に並べて 4 桁の整数をつくるとき，4 桁の奇数は何通りできるか。

*46　7人が円形のテーブルのまわりに座るとき，座り方は何通りあるか。

▶𝗔p.28例16

47　次の問いに答えよ。　　　　　　　　　　　　　　　　▶𝗔p.29例17
　*(1)　6つの空欄に，○か×を1つずつ記入する
　　　　とき，記入の仕方は何通りあるか。　　　□□□□□□
　(2)　2人でじゃんけんをするとき，2人のグー，チョキ，パーの出し方は
　　　　何通りあるか。
　*(3)　1，2，3の3つの数字を用いてできる5桁の整数は何通りあるか。た
　　　　だし，同じ数字を何回用いてもよい。

SPIRAL　B

*48　0から6までの数字が1つずつ書かれた7枚のカードがある。このカード
　　　のうち3枚のカードを1列に並べて3桁の整数をつくるとき，次のものは
　　　何通りできるか。　　　　　　　　　　　　　　　　▶𝗔p.26応用例題3
　(1)　3桁の整数　　　　　　　　　(2)　3桁の奇数
　(3)　3桁の偶数　　　　　　　　　(4)　3桁の5の倍数

*49　男子2人と女子4人が1列に並ぶとき，次のような並び方は何通りあるか。
　(1)　女子が両端にくる並び方　　　(2)　女子4人が続いて並ぶ並び方
　(3)　男子2人が隣り合わない並び方　　　　　　　　▶𝗔p.27応用例題4

*50　SPIRALの6文字を1列に並べるとき，次のような並べ方は何通りあるか。
　(1)　すべての並べ方　　　　　　　(2)　SとLが両端にくる並べ方
　(3)　SとPが隣り合う並べ方

51　0，1，2，3の4つの数字を用いてできる4桁の整数は何通りあるか。ただ
　　　し，同じ数字を何回用いてもよい。

52　先生2人と生徒4人のあわせて6人が円形のテーブルのまわりに座るとき，
　　　次のような座り方は何通りあるか。
　(1)　全員の座り方　　　　(2)　先生2人が隣り合って座る座り方
　(3)　先生2人が向かい合って座る座り方

SPIRAL　C

53　5人がA，Bの2つの部屋に分かれて入る方法は何通りあるか。ただし，
　　　5人全員が同じ部屋には入らないものとする。

▶5 | 組合せ

1 組合せ

▶教 p.30〜p.36

異なる n 個のものから異なる r 個を取り出してできる組を，n 個のものから r 個取る **組合せ**という。その総数は

$$_n\mathrm{C}_r = \frac{_n\mathrm{P}_r}{r!} = \overset{r\,個}{\frac{n(n-1)(n-2)\cdots\cdots(n-r+1)}{r(r-1)(r-2)\cdots\cdots 3\cdot 2\cdot 1}} = \frac{n!}{r!(n-r)!}$$

2 同じものを含む順列

n 個のものの中に，同じものがそれぞれ p 個，q 個，r 個あるとき，これら n 個のもの すべてを 1 列に並べる順列の総数は

$$\frac{n!}{p!\,q!\,r!} \qquad ただし，p+q+r=n$$

SPIRAL A

54 次の値を求めよ。　　　　　　　　　　　　　　　　▶教 p.31 例18

*(1)　$_5\mathrm{C}_2$　　　　(2)　$_6\mathrm{C}_3$　　　　*(3)　$_8\mathrm{C}_1$　　　　(4)　$_7\mathrm{C}_7$

55 次の選び方は何通りあるか。　　　　　　　　　　　▶教 p.31 練習32

*(1)　異なる 10 冊の本から 5 冊を選ぶ選び方

(2)　12 色のクレヨンから 4 色を選ぶ選び方

56 次の値を求めよ。　　　　　　　　　　　　　　　　▶教 p.31 例19

*(1)　$_8\mathrm{C}_6$　　　　(2)　$_{10}\mathrm{C}_9$　　　　*(3)　$_{12}\mathrm{C}_{10}$　　　　(4)　$_{14}\mathrm{C}_{11}$

57 正五角形 ABCDE において，次のものを求めよ。　　▶教 p.32 例題6

*(1)　3 個の頂点を結んでできる三角形の個数　　　(2)　対角線の本数

***58** 男子 7 人，女子 5 人の中から 5 人の役員を選ぶとき，男子から 2 人，女子 から 3 人を選ぶ選び方は何通りあるか。　　　　　▶教 p.32 例題7

59 次の問いに答えよ。　　　　　　　　　　　　　　　▶教 p.34 例20

*(1)　$\boxed{1}$ と書かれたカードが 3 枚，$\boxed{2}$ と書かれたカードが 2 枚，$\boxed{3}$ と書かれ たカードが 2 枚ある。この 7 枚のカードすべてを 1 列に並べる並べ方 は何通りあるか。

(2)　a, a, a, a, b, b, c, c の 8 文字すべてを 1 列に並べる並べ方は何 通りあるか。

SPIRAL B

60 野球の試合で，8チームが総当たり戦（リーグ戦）を行うとき，試合数は全部で何試合あるか。なお，総当たり戦とは，どのチームも自分以外の7チームと必ず1試合ずつ行う試合方法のことである。

61 男子6人，女子6人計12人の委員から，委員長1名，副委員長2名，書記1名を選びたい。副委員長2名は，必ず男女1名ずつになるような選び方は何通りあるか。

*62 男子5人，女子7人の中から5人の委員を選ぶとき，次のような選び方は何通りあるか。
  (1) 男子から2人，女子から3人を選ぶ　　(2) 特定の女子Aを必ず選ぶ
  (3) 少なくとも1人は男子を選ぶ

*63 8人を次のように分けるとき，分け方は何通りあるか。　　▶教 p.33応用例題5
  (1) 4人ずつA，Bの2つの部屋に分ける
  (2) 2人ずつ4組に分ける
  (3) Aの部屋に4人，Bの部屋に3人，Cの部屋に1人に分ける
  (4) 4人，3人，1人の3組に分ける
  (5) 3人，3人，2人の3組に分ける

*64 JAPANの5文字を1列に並べるとき，次のような並べ方は何通りあるか。
  (1) すべての並べ方　　　　　　　(2) AまたはNが両端にくる並べ方

*65 右の図のような道路のある町で，次の各場合に最短経路で行く道順は，それぞれ何通りあるか。　　▶教 p.35応用例題6
  (1) AからDまで行く道順
  (2) AからBを通ってDまで行く道順
  (3) AからCを通ってDまで行く道順
  (4) AからCを通らずにDまで行く道順
  (5) AからBを通り，Cを通らずにDまで行く道順

66 右の図のように，6本の平行な直線が，他の7本の平行な直線と交わっている。このとき，これらの平行な直線で囲まれる平行四辺形は，全部で何個あるか。

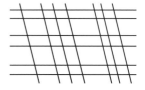

SPIRAL C

── 文字の並べ方

例題 2
SQUARE の 6 文字を 1 列に並べるとき，U，A，E については，左から
この順になるような並べ方は何通りあるか。　　　　　▶教p.67章末10

解
U，A，E の 3 文字を□で置きかえた　　SQ□□R□
の 6 文字を並べかえ，□には左から順に U，A，E を入れると考えればよい。

←たとえば，□QR□□S は ⑤QRⒶⒺS

よって，求める並べ方の総数は，□ 3 個を含む 6 個の文字の並べ方の総数と等しいので

$$\frac{6!}{3!1!1!1!} = \frac{6\cdot5\cdot4\cdot3\cdot2\cdot1}{3\cdot2\cdot1} = 120 \text{ (通り)} \quad 答$$

67 PENCIL の 6 文字を 1 列に並べるとき，E，I については，左からこの順
になるような並べ方は何通りあるか。

── 条件のついた最短経路

例題 3
右の図のような道路のある町で，A 地点から
×印の箇所を通らないで B 地点まで行くとき，
最短経路で行く道順は何通りあるか。

解
×印を通ることは，C と D の両方を通ることと同じである。

A から C まで行く道順は　$\frac{6!}{3!3!} = 20$ (通り)

D から B まで行く道順は　$\frac{4!}{1!3!} = 4$ (通り)

ゆえに，×印の箇所を通る道順は　$20 \times 4 = 80$ (通り)

A から B までの道順の総数は　$\frac{11!}{5!6!} = 462$ (通り)

よって，×印の箇所を通らない道順は　$462 - 80 = 382$ (通り)　答

68 右の図のような道路のある町で，A 地点から×
印の箇所を通らないで B 地点まで行くとき，最
短経路で行く道順は何通りあるか。

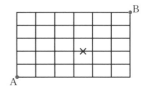

69 正七角形 ABCDEFG の 7 個の頂点のうち，3 個の頂点を結んでできる次
のような三角形は何個あるか。
(1) 正七角形と 2 辺を共有する　　(2) 正七角形と 1 辺だけを共有する
(3) 正七角形と辺を共有しない

——重複を許す組合せ

例題4

A，B，C 3種類のジュースを売っている自動販売機で5本のジュースを買うとき，何通りの買い方があるか。ただし，同じ種類のジュースを何本買ってもよく，また，買わないジュースの種類があってもよいものとする。

▶數 p.36思考力✚

考え方 買い方の総数を次のようにして考えることができる。たとえば

A 2本，B 1本，C 2本　を　　○○|○|○○
A 1本，B 0本，C 4本　を　　○||○○○○
A 2本，B 3本，C 0本　を　　○○|○○○|

のように表すことにすると，ジュースの買い方と5個の○と2個の|の並べ方が，1対1に対応する。したがって，買い方の総数を求めるには，5個の○と2個の|の並べ方の総数を求めればよい。

解 ジュースの買い方の総数は，5本のジュースを5個の○で表し，ジュースの種類の区切りを|で表したときの，5個の○と2個の|の並べ方の総数に等しいから

$$\frac{(5+2)!}{5!2!} = 21 \text{（通り）} \quad \boxed{答}$$

補足 異なる n 個のものから重複を許して r 個取る組合せの総数は，r 個の○と $(n-1)$ 個の|の並べ方の総数に等しいから

$$\frac{\{r+(n-1)\}!}{r!(n-1)!} \quad \text{すなわち} \quad {}_{n+r-1}C_r$$

70 みかん，りんご，梨，柿の4種類の果物を用いて，果物6個を詰め合わせたバスケットをつくるとき，何通りのバスケットができるか。ただし，選ばない果物の種類があってもよいものとする。

71 オレンジ，アップル，グレープの3種類のジュースを売っている自動販売機で6本のジュースを買うとき，次の各場合の買い方は何通りあるか。
(1) 買わないジュースの種類があってもよい場合
(2) どの種類のジュースも少なくとも1本は買う場合

72 $x+y+z=7$ を満たす (x, y, z) のうち，次の各条件を満たすものは何組あるか。
(1) x, y, z が0以上の整数であるような (x, y, z) の組
(2) x, y, z が自然数であるような (x, y, z) の組

2節 確率

❖1 事象と確率

▶教 p.38〜p.43

❶ 試行と事象
　試行 何回も行うことができ，その結果が偶然によって決まるような実験や観察
　事象 試行の結果として起こることがら

❷ 全事象・空事象・根元事象
　全事象 全体集合 U で表される事象 (必ず起こる事象)
　空事象 空集合 $\varnothing$ で表される事象 (決して起こらない事象)
　根元事象 U のただ1つの要素からなる部分集合で表される事象

❸ 事象 A の確率 $P(A)$
　ある試行において，どの根元事象が起こることも同じ程度に期待されるとき，これらの
　根元事象は**同様に確からしい**という。このとき，事象 A の確率 $P(A)$ は

$$P(A) = \frac{n(A)}{n(U)} = \frac{\text{事象 } A \text{ の起こる場合の数}}{\text{起こり得るすべての場合の数}}$$

SPIRAL A

*73　1, 2, 3, 4, 5 の番号が1つずつ書かれた5枚のカードがある。この中から1枚引くという試行において，全事象 U と根元事象を示せ。　▶教 p.39 例1

74　1個のさいころを投げるとき，次の確率を求めよ。　▶教 p.40 例2
　(1)　3の倍数の目が出る確率　　　　*(2)　5より小さい目が出る確率

75　10 から 99 までの数が1つずつ書かれた 90 枚のカードから1枚のカードを引くとき，次の確率を求めよ。　▶教 p.40 例2
　*(1)　3の倍数のカードを引く確率
　(2)　引いたカードの十の位の数と一の位の数の和が7である確率

*76　赤球3個，白球5個が入っている袋から球を1個取り出すとき，白球が出る確率を求めよ。　▶教 p.41 例3

*77　10 円硬貨1枚と 100 円硬貨1枚を同時に投げるとき，2枚とも裏が出る確率を求めよ。　▶教 p.41 例題1

*78　10 円硬貨, 100 円硬貨, 500 円硬貨の3枚を同時に投げるとき，次の確率を求めよ。　▶教 p.41 例題1
　(1)　3枚とも表が出る確率　　　　(2)　2枚だけ表が出る確率

*79　大小2個のさいころを同時に投げるとき，次の確率を求めよ。　▶國p.42例題2
(1)　目の和が5になる確率　　　　(2)　目の和が6以下になる確率

*80　a，b，cを含む6人が1列に並ぶ。並ぶ順番をくじで決めるとき，左から1番目がa，3番目がb，5番目がcになる確率を求めよ。　▶國p.43例題3

SPIRAL　B

81　4枚の硬貨を投げるとき，3枚が表，1枚が裏になる確率を求めよ。

82　赤球4個，白球3個が入っている袋から，3個の球を同時に取り出すとき，次の球を取り出す確率を求めよ。　▶國p.43応用例題1
(1)　赤球3個　　　　　　　　　(2)　赤球2個，白球1個

*83　3本の当たりくじを含む10本のくじがある。このくじから，2本のくじを同時に引くとき，次の確率を求めよ。
(1)　2本とも当たる確率　　　(2)　1本が当たり，1本がはずれる確率

84　大中小3個のさいころを同時に投げるとき，次の確率を求めよ。
(1)　すべての目が1である確率　　(2)　すべての目が異なる確率
(3)　目の積が奇数になる確率　　　(4)　目の和が10になる確率

*85　男子2人と女子4人が1列に並ぶとき，次の確率を求めよ。
(1)　男子が両端にくる確率　　　(2)　男子が隣り合う確率
(3)　女子が両端にくる確率

*86　1から7までの番号が1つずつ書かれた7枚のカードを1列に並べるとき，次の確率を求めよ。
(1)　左から数えて，奇数番目には奇数が，偶数番目には偶数がくる確率
(2)　奇数が両端にくる確率　　　(3)　3つの偶数が続いて並ぶ確率

87　男子6人と女子2人が，くじ引きで円形のテーブルのまわりに座るとき，次の確率を求めよ。
(1)　女子2人が隣り合って座る確率
(2)　女子2人が向かい合って座る確率

88　○か×かで答える問題が5題ある。でたらめに○×を記入したとき，ちょうど3題が正解となる確率を求めよ。

❖2 確率の基本性質

▶教 p.44〜p.51

1 積事象と和事象

積事象 $A \cap B$　　2つの事象 A と B がともに起こる事象

和事象 $A \cup B$　　事象 A または事象 B が起こる事象

2 排反事象

2つの事象 A と B が同時には起こらないとき，すなわち $A \cap B = \varnothing$ のとき，A と B は互いに**排反**である，または**排反事象**であるという。

3 確率の基本性質

[1]　任意の事象 A について　　　　$0 \leqq P(A) \leqq 1$

[2]　全事象 U，空事象 $\varnothing$ について　$P(U) = 1$, 　$P(\varnothing) = 0$

[3]　事象 A と B が互いに排反のとき　$P(A \cup B) = P(A) + P(B)$

4 一般の和事象の確率

$$P(A \cup B) = P(A) + P(B) - P(A \cap B)$$

5 余事象の確率

事象 A に対して，「A が起こらない」という事象を A の**余事象**といい，$\overline{A}$ で表す。

$$P(\overline{A}) = 1 - P(A)$$

SPIRAL A

*89　1個のさいころを投げるとき，「偶数の目が出る」事象を A，「素数の目が出る」事象を B とする。このとき，積事象 $A \cap B$ と和事象 $A \cup B$ を求めよ。　　▶教 p.44 例4

*90　1から30までの番号が1つずつ書かれた30枚のカードがある。この中からカードを1枚引く。次の事象のうち，互いに排反である事象はどれとどれか。　　▶教 p.45 例5

A：番号が「偶数である」事象　　　B：番号が「5の倍数である」事象

C：番号が「24の約数である」事象

*91　各等の当たる確率が，右の表のようなくじがある。このくじを1本引くとき，次の確率を求めよ。　▶教 p.47 例6

1等	2等	3等	4等	はずれ
$\dfrac{1}{20}$	$\dfrac{2}{20}$	$\dfrac{3}{20}$	$\dfrac{4}{20}$	$\dfrac{10}{20}$

(1)　1等または2等が当たる確率

(2)　4等が当たるか，またははずれる確率

92　大小2個のさいころを同時に投げるとき，目の差が2または4となる確率を求めよ。　　▶教 p.47 例6

*93 男子 3 人，女子 5 人の中から 3 人の委員を選ぶとき，3 人とも男子または 3 人とも女子が選ばれる確率を求めよ。 ▶教 p.47 例題4

*94 1 から 30 までの番号が 1 つずつ書かれた 30 枚のカードがある。この中から 1 枚のカードを引くとき，引いたカードの番号が 5 の倍数でない確率を求めよ。 ▶教 p.49 例7

SPIRAL B

*95 1 から 100 までの番号が 1 つずつ書かれた 100 枚のカードがある。この中から 1 枚のカードを引くとき，引いたカードの番号が 4 の倍数または 6 の倍数である確率を求めよ。 ▶教 p.48 応用例題2

*96 1 組 52 枚のトランプから 1 枚のカードを引くとき，「スペードである」事象を A，「絵札である」事象を B とする。次の確率を求めよ。
▶教 p.48 応用例題2

(1) $P(A \cap B)$　　　　　　(2) $P(A \cup B)$

97 51 から 100 までの番号が 1 つずつ書かれた 50 枚のカードがある。この中から 1 枚のカードを引くとき，次の確率を求めよ。
(1) 3 の倍数または 4 の倍数である確率
(2) 4 の倍数または 6 の倍数である確率
(3) 2 の倍数であるが 3 の倍数でない確率

98 赤球 4 個，白球 5 個が入っている箱から，3 個の球を同時に取り出すとき，少なくとも 1 個は白球である確率を求めよ。 ▶教 p.50 応用例題3

*99 当たりくじ 2 本を含む 12 本のくじから，3 本のくじを同時に引くとき，少なくとも 1 本は当たる確率を求めよ。 ▶教 p.50 応用例題3

*100 a，b，c の 3 人がじゃんけんを 1 回するとき，2 人だけが勝つ確率を求めよ。 ▶教 p.51 応用例題4

*101 赤球と白球が 3 個ずつ入っている袋から，3 個の球を同時に取り出すとき，次の確率を求めよ。
(1) 3 個とも同じ色の球を取り出す確率
(2) 少なくとも 1 個は赤球を取り出す確率

❖3 独立な試行とその確率

▶教 p.52〜p.57

1 独立な試行の確率

2つの試行において，一方の試行の結果が他方の試行の結果に影響をおよぼさないとき，この2つの試行は互いに**独立**であるという。

互いに独立な試行SとTにおいて，Sで事象 A が起こり，Tで事象 B が起こる確率は

$P(A) \times P(B)$

2 反復試行の確率

同じ条件のもとでの試行のくり返しを**反復試行**という。

1回の試行において，事象 A の起こる確率を p とする。この試行を n 回くり返す反復試行で，事象 A がちょうど r 回起こる確率は

$_nC_r p^r(1-p)^{n-r}$

SPIRAL A

*102　1個のさいころと1枚の硬貨を投げるとき，さいころは3以上の目が出て，硬貨は裏が出る確率を求めよ。　▶教 p.53例8

103　1個のさいころを続けて3回投げるとき，次の確率を求めよ。　▶教 p.54例9
*(1)　1回目に1，2回目に2の倍数，3回目に3以上の目が出る確率
(2)　1回目に6の約数，2回目に3の倍数が出る確率

*104　大小2個のさいころを同時に投げるとき，どちらか一方だけに3の倍数の目が出る確率を求めよ。　▶教 p.54例題5

*105　1枚の硬貨を続けて6回投げるとき，表がちょうど2回出る確率を求めよ。　▶教 p.56例題6

*106　1個のさいころを続けて4回投げるとき，3以上の目がちょうど2回出る確率を求めよ。　▶教 p.56例題6

*107　1個のさいころを続けて5回投げるとき，3の倍数の目が4回以上出る確率を求めよ。　▶教 p.56例題7

*108　1から5までの番号が1つずつ書かれた5枚のカードから1枚を引き，番号を確かめてからもとにもどす。この試行を3回くり返すとき，奇数のカードを2回以上引く確率を求めよ。　▶教 p.56例題7

SPIRAL B

*109 赤球3個，白球2個が入っている袋Aと，赤球4個，白球3個が入っている袋Bがある。A，Bの袋から球を1個ずつ取り出すとき，次の確率を求めよ。
(1) 両方の袋から赤球を取り出す確率
(2) 一方の袋だけから赤球を取り出す確率
(3) 両方の袋から同じ色の球を取り出す確率

*110 A，Bの2チームが試合を行うとき，各試合でAチームが勝つ確率は $\frac{4}{5}$ であるという。この2チームが試合を3回行うとき，Bチームが少なくとも1回勝つ確率を求めよ。ただし，引き分けはないものとする。

*111 赤球4個，白球2個が入っている袋から1個の球を取り出して，球の色を確かめてからもとにもどす。この試行を4回くり返すとき，次の確率を求めよ。
(1) 赤球をちょうど2回取り出す確率
(2) 白球を3回以上取り出す確率

112 1個のさいころを続けて3回投げるとき，3以上の目が少なくとも1回出る確率を求めよ。

113 あるフィギュアスケートの選手は，10回のうち9回ジャンプを成功させるという。この選手が3回ジャンプを行うとき，2回以上失敗する確率を求めよ。ただし，3回のジャンプは独立な試行であるとする。

*114 A，Bの2チームが試合を行うとき，各試合でAチームが勝つ確率は $\frac{3}{5}$ であるという。先に3勝した方を優勝とするとき，Aが優勝する確率を求めよ。ただし，引き分けはないものとする。

SPIRAL C

115 数直線上の原点の位置に点 P がある。点 P は，さいころを投げて出た目が 3 以上なら ＋2，2 以下なら －3 だけ動く。さいころを 6 回投げるとき，次の確率を求めよ。　　　　　　　　　　　　　　　　▶𝟙 p.57 思考力➕
　(1)　点 P の座標が －8 になる確率
　(2)　点 P の座標が正の数になる確率

例題 **5**　　　　　　　　　　　　　　　　　　　　　　　最大値の確率
1 個のさいころを続けて 3 回投げるとき，次の確率を求めよ。
　(1)　3 回とも 5 以下の目が出る確率
　(2)　出る目の最大値が 5 である確率

考え方　(1)　各回の試行は互いに独立である。
　　　(2)　3 回とも 5 以下の目が出る確率から，3 回とも 4 以下の目が出る確率を引けばよい。

解　(1)　さいころを 1 回投げるとき，5 以下の目が出る確率は $\dfrac{5}{6}$

　　各回の試行は互いに独立であるから，求める確率は
$$\left(\frac{5}{6}\right)^3 = \frac{125}{216}　\text{答}$$

(2)　(1)と同様に考えると，3 回とも 4 以下の目が出る確率は
$$\left(\frac{4}{6}\right)^3 = \frac{64}{216}$$

3 回とも 5 以下
3 回とも 4 以下
最大値が 5

　　求める確率は，3 回とも 5 以下の目が出る確率から，3 回とも 4 以下の目が出る確率を引いて
$$\frac{125}{216} - \frac{64}{216} = \frac{61}{216}　\text{答}$$

---

116 1 個のさいころを続けて 3 回投げるとき，次の確率を求めよ。
　(1)　3 回とも 4 以下の目が出る確率
　(2)　出る目の最大値が 4 である確率

117 1 個のさいころを続けて 3 回投げるとき，次の確率を求めよ。
　(1)　3 回とも 2 以上の目が出る確率
　(2)　出る目の最小値が 2 である確率

:4 条件つき確率と乗法定理

1 条件つき確率

▶國 p.58〜p.61

事象 A が起こったという条件のもとで事象 B が起こる確率を，事象 A が起こったときの事象 B の起こる**条件つき確率**といい，$P_A(B)$ で表す。

[1] **条件つき確率**

$$P_A(B) = \frac{n(A \cap B)}{n(A)} = \frac{P(A \cap B)}{P(A)}$$

[2] **乗法定理**

$$P(A \cap B) = P(A) \times P_A(B)$$

SPIRAL A

*118 右の表は，あるクラス 40 人の部活動への入部状況である。この中から 1 人の生徒を選ぶとき，その生徒が女子である事象を A，運動部に所属している事象を B とする。次の確率を求めよ。

	男子	女子
運動部	14	9
文化部	6	11

▶國 p.59例10

(1) $P(A \cap B)$　　　(2) $P_A(B)$　　　(3) $P_B(A)$

*119 1 から 9 までの番号が 1 つずつ書かれた 9 枚のカードから，1 枚ずつ 2 枚のカードを引く試行を考える。ただし，引いたカードはもとにもどさないものとする。この試行において，1 枚目に奇数が出たとき，2 枚目に偶数が出る条件つき確率を求めよ。 ▶國 p.59例11

*120 赤球 3 個，白球 5 個が入っている箱から，a, b の 2 人がこの順に球を 1 個ずつ取り出すとき，次の確率を求めよ。ただし，取り出した球はもとにもどさないものとする。 ▶國 p.60例12

(1) 2 人とも赤球を取り出す確率

(2) a が白球を取り出し，b が赤球を取り出す確率

*121 1 組 52 枚のトランプの中から 1 枚ずつ続けて 2 枚のカードを引くとき，1 枚目にエース (A)，2 枚目に絵札 (J, Q, K) を引く確率を求めよ。ただし，引いたカードはもとにもどさないものとする。 ▶國 p.60例12

SPIRAL B

*122 袋の中に，1, 2, 3 の番号のついた 3 個の赤球と，4, 5, 6, 7 の番号のついた 4 個の白球が入っている。この袋から球を 1 個取り出すとき，次の確率を求めよ。

(1) 偶数の番号のついた白球を取り出す確率

(2) 取り出した球が白球であるとき，その球に偶数の番号がついている確率

(3) 取り出した球に偶数の番号がついているとき，その球が白球である確率

123 4本の当たりくじを含む10本のくじがある。a, b の2人がこの順にくじ
を1本ずつ引くとき, 次の確率を求めよ。ただし, 引いたくじはもとにも
どさないものとする。　　　　　　　　　　　　　　　▶國 p.61 応用例題5
　　(1)　2人とも当たる確率　　　　　　　　(2)　b がはずれる確率

*124 1組52枚のトランプの中から1枚ずつ続けて2枚のカードを引くとき,
次の確率を求めよ。ただし, 引いたカードはもとにもどさないものとする。
　　(1)　2枚ともハートのカードを引く確率
　　(2)　2枚目にハートのカードを引く確率

SPIRAL C

例題
6

—————————————————————事後の確率

ある製品を製造する工場 a, b がある。この製品は, 工場 a で25%, 工場
b で75%製造されている。このうち, 工場 a では2%, 工場 b では3%の
不良品が出るという。多くの製品の中から1個を取り出して検査をすると
き, 次の確率を求めよ。
(1)　取り出した製品が不良品である確率
(2)　取り出した製品が不良品であるとき, その製品が工場 b の製品である
　　確率

解 | 取り出した1個の製品が,「工場 a の製品である」事象を A,「工場 b の製品である」事
象を B,「不良品である」事象を E とすると

$$P(A) = \frac{25}{100}, \ P(B) = \frac{75}{100}, \ P_A(E) = \frac{2}{100}, \ P_B(E) = \frac{3}{100}$$

(1)　求める確率は
$$P(E) = P(A \cap E) + P(B \cap E) = P(A)P_A(E) + P(B)P_B(E)$$
$$= \frac{25}{100} \times \frac{2}{100} + \frac{75}{100} \times \frac{3}{100} = \boldsymbol{\frac{11}{400}} \quad \text{答}$$

(2)　求める確率は $P_E(B)$ であるから
$$P_E(B) = \frac{P(E \cap B)}{P(E)} = \frac{P(B \cap E)}{P(E)} = \frac{P(B)P_B(E)}{P(E)} = \frac{75}{100} \times \frac{3}{100} \div \frac{11}{400} = \boldsymbol{\frac{9}{11}} \quad \text{答}$$

125 ある製品を製造する工場 a, b がある。この製品は, 工場 a で60%, 工場
b で40%製造されている。このうち, 工場 a では3%, 工場 b では4%の
不良品が出るという。多くの製品の中から1個を取り出して検査をすると
き, 次の確率を求めよ。
　　(1)　取り出した製品が不良品である確率
　　(2)　取り出した製品が不良品であるとき, その製品が工場 a の製品である
　　　　確率

∴5　期待値

❶ 期待値

▶教 p.62～p.64

ある試行の結果によって，変量 X のとる値が

$$x_1, \ x_2, \ \cdots\cdots, \ x_n$$

のいずれかであり，これらの値をとる事象の
確率が，それぞれ

$$p_1, \ p_2, \ \cdots\cdots, \ p_n$$

であるとき　　$x_1p_1 + x_2p_2 + \cdots\cdots + x_np_n$

の値を，X の**期待値**という。ただし，$p_1 + p_2 + \cdots\cdots + p_n = 1$

X の値	x_1	x_2	……	x_n	計
確率	p_1	p_2	……	p_n	1

SPIRAL A

126 1, 3, 5, 7, 9 の数が 1 つずつ書かれた 5 枚のカードから 1 枚のカードを引
くとき，引いたカードに書かれた数の期待値を求めよ。　　▶教 p.63例13

127 1 枚の硬貨を続けて 3 回投げるとき，表が出る回数の期待値を求めよ。
▶教 p.63例13

128 賞金の当たる確率が，次の表のようなくじがある。このくじを 1 本引くと
き，当たる賞金の期待値を求めよ。

賞金	1000 円	500 円	100 円	10 円	計
確率	$\dfrac{1}{50}$	$\dfrac{3}{50}$	$\dfrac{11}{50}$	$\dfrac{35}{50}$	1

SPIRAL B

129 大小 2 個のさいころを同時に投げるとき，出る目の和の期待値を求めよ。

130 赤球 3 個と白球 2 個が入った袋から，3 個の球を同時に取り出し，取り出
した赤球 1 個につき 500 点がもらえるゲームを行う。1 回のゲームでもら
える点数の期待値を求めよ。　　▶教 p.64例題8

131 1 個のさいころを続けて 4 回投げるとき，5 以上の目が出る回数の期待値
を求めよ。

1節 三角形の性質

÷1 三角形と線分の比

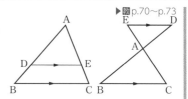

▶教 p.70〜p.73

1 平行線と線分の比

右の図の △ABC において，DE∥BC ならば

AD：AB = AE：AC

AD：AB = DE：BC

AD：DB = AE：EC

2 線分の内分と外分

⑴ 内分

線分 AB を $m:n$ に内分

⑵ 外分

線分 AB を $m:n$ に外分

$m > n$ のとき $m < n$ のとき

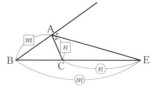

3 角の二等分線と線分の比

⑴ 内角の二等分線と線分の比

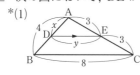

BD：DC = AB：AC

⑵ 外角の二等分線と線分の比

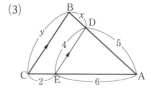

BE：EC = AB：AC

SPIRAL A

132 次の図において，DE∥BC のとき，x，y を求めよ。   ▶教 p.70 練習1

*(1)

(2)
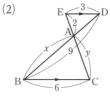

(3)

*(133** 次の図の線分 AB において，次の点を図示せよ。   ▶教 p.71 例1

(1) 1：3 に内分する点 C   (2) 3：1 に内分する点 D

(3) 2：1 に外分する点 E   (4) 1：3 に外分する点 F

*134 右の図の △ABC において，AD が ∠A の二等分線で
あるとき，線分 BD の長さ x を求めよ。　▶教 p.72 例2

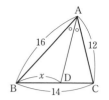

135 右の図の △ABC において，AD が ∠A の二等分
線，AE が ∠A の外角の二等分線であるとき，次
の線分の長さを求めよ。　　　　　　　　　▶教 p.73 例3

*(1)　BD 　　　　*(2)　CE 　　　　(3)　DE

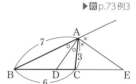

SPIRAL **B**

136 次の図において，AB ∥ CD ∥ EF のとき，x, y を求めよ。　▶教 p.70

(1)　　　　　　　　　　　　　　　　(2)

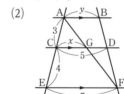

*137 次の図において，点 P，Q，R は線分 AB をそれぞれどのような比に分け
る点か答えよ。　　　　　　　　　　　　　　　　　　　　▶教 p.71 例1

138 右の図のように，△ABC の辺 BC の中点を M とし，
∠AMB，∠AMC の二等分線と辺 AB，AC の交点
をそれぞれ D，E とする。このとき，次の問いに答
えよ。

(1)　DE ∥ BC であることを証明せよ。

(2)　AM = 5，BC = 6 のとき，DE の長さを求めよ。

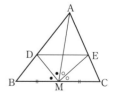

⋮2　三角形の重心・内心・外心

▶教 p.74〜p.79

1 重心

[1] 三角形の3本の中線は1点 G で交わり，この交点 G を**重心**という。

[2] 重心 G はそれぞれの**中線を 2 : 1 に内分する**。

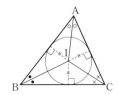

2 内心

[1] 三角形の3つの内角の二等分線は1点 I で交わり，この交点 I を**内心**という。

[2] 内心 I は三角形の内接円の中心であり，**内心から各辺までの距離は等しい**。

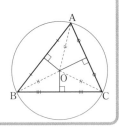

3 外心

[1] 三角形の3つの辺の垂直二等分線は1点 O で交わり，この交点 O を**外心**という。

[2] 外心 O は三角形の外接円の中心であり，**外心から各頂点までの距離は等しい**。

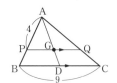

SPIRAL A

*139 右の図において，点 G は △ABC の重心であり，G を通る線分 PQ は辺 BC に平行である。AP = 4，BC = 9 のとき，PB，PQ の長さを求めよ。

▶教 p.75例4

140 右の図の AB = AC，BC = 6 の二等辺三角形 ABC において，中線 AL，BM の交点を P とする。PL = 2 のとき，AP および AB の長さを求めよ。

▶教 p.75例4

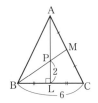

*141 次の図において，点 I は △ABC の内心である。このとき，θ を求めよ。

▶教 p.77 例5

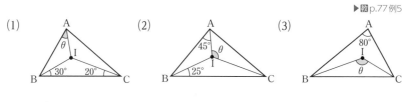

(1) (2) (3)

142 次の図において，点 O は △ABC の外心である。このとき，θ を求めよ。

▶教 p.79 例6

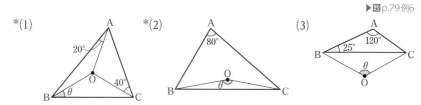

*(1) *(2) (3)

SPIRAL B

143 右の図の平行四辺形 ABCD において，辺 BC，CD の中点をそれぞれ E，F とし，BD と，AE，AC，AF との交点をそれぞれ P，Q，R とする。BD = 6 のとき，PQ と PR の長さを求めよ。

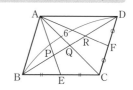

*144 右の図のように，AB = 4，BC = 5，CA = 3 である △ABC の内心を I，直線 AI と辺 BC の交点を D とするとき，次の問いに答えよ。 ▶教 p.112 章末1

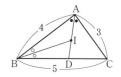

(1) 線分 BD の長さを求めよ。

(2) AI : ID を求めよ。

145 右の図の △ABC において，∠B = 90° であり，3 点 P，Q，R は △ABC の重心，内心，外心のいずれかであるとする。このとき，△ABC の重心，内心，外心は P，Q，R のいずれであるか答えよ。

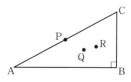

∴3 メネラウスの定理とチェバの定理

1 メネラウスの定理

▶教 p.80〜p.83

△ABC の頂点を通らない直線 l が，辺 BC，CA，AB，
またはその延長と交わる点をそれぞれ P，Q，R とするとき

$$\frac{BP}{PC}\cdot\frac{CQ}{QA}\cdot\frac{AR}{RB}=1$$

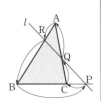

2 チェバの定理

△ABC の 3 辺 BC，CA，AB 上に，それぞれ点 P，Q，R があ
り，3 直線 AP，BQ，CR が 1 点 S で交わるとき

$$\frac{BP}{PC}\cdot\frac{CQ}{QA}\cdot\frac{AR}{RB}=1$$

SPIRAL A

146 次の図において，$x:y$ を求めよ。

▶教 p.80 例7

*(1)

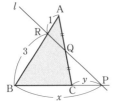

(2)

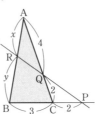

(3)

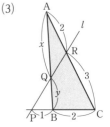

147 次の図において，$x:y$ を求めよ。

▶教 p.81 例8

*(1)

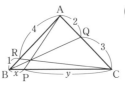

(2)

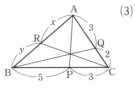

(3)

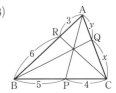

第 2 章　図形の性質

SPIRAL B

148 右の図の △ABC において，AF：FB = 2：3，
AP：PD = 7：3 である。このとき，次の比を求め
よ。　　　　　　　　　　　　　　　▶國 p.80 例7, p.81 例8

(1)　BD：DC　　　　　(2)　AE：EC

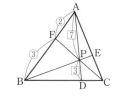

149 右の図の △ABC において，辺 BC を 1：3 に内
分する点を P，辺 CA を 2：3 に内分する点を Q，
AP と BQ の交点を O とする。このとき，次の比
を求めよ。　　　　　　　　　　　　▶國 p.82 応用例題1

(1)　AO：OP　　　(2)　△OBC：△ABC

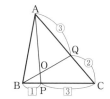

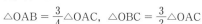

例題 7　　右の図の △ABC において，AD：DB = 2：3，
BE：EC = 3：4 である。このとき，次の面積比を
求めよ。

(1)　△OAB：△OAC　　　(2)　△OBC：△OAC

(3)　△OAC：△ABC

― 面積比

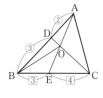

解　(1)　辺 OA を共有しているから
　　　　　△OAB：△OAC = BE：EC = **3：4**　答
　　(2)　辺 OC を共有しているから
　　　　　△OBC：△OAC = BD：DA = **3：2**　答
　　(3)　(1), (2)より
　　　　　$\triangle OAB = \dfrac{3}{4}\triangle OAC$，　$\triangle OBC = \dfrac{3}{2}\triangle OAC$

　　　ゆえに　　$\triangle ABC = \triangle OAB + \triangle OBC + \triangle OAC$

　　　　　　　　　$= \dfrac{3}{4}\triangle OAC + \dfrac{3}{2}\triangle OAC + \triangle OAC = \dfrac{13}{4}\triangle OAC$

　　　よって　　△OAC：△ABC = **4：13**　答

150 右の図の △ABC において，BC = 3，AC = 4，
∠C = 90° である。∠A の二等分線と BC の交点を
D，AB の中点を E とするとき，次の面積比を求めよ。

(1)　△DAB：△ABC　　　(2)　△DBE：△ABC

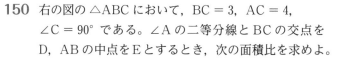

思考力 ᴾᴸᵁˢ 三角形の辺と角の大小関係

▶教 p.84〜p.85

1 三角形の3辺の長さ

次のことが成り立てば，これらを3辺とする三角形が存在する。

他の2辺の長さの差 < ある1辺の長さ < 他の2辺の長さの和

または

最大の辺の長さ < 他の2辺の長さの和

2 三角形の辺と角の大小

△ABC において，

$b > c$　ならば　$\angle B > \angle C$

逆に

$\angle B > \angle C$　ならば　$b > c$

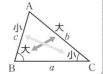

SPIRAL A

*151　3つの線分の長さが次のように与えられているとき，これらを3辺の長さとする三角形が存在するか調べよ。　▶教 p.84例1

(1) 2, 4, 7 　　　　(2) 5, 7, 10

(3) 3, 5, 8 　　　　(4) 1, 6, 6

*152　次の △ABC において，∠A，∠B，∠C を大きい方から順に並べよ。

(1) $a = 6$, $b = 5$, $c = 7$ 　▶教 p.85練習2

(2) $a = 4$, $b = 5$, $c = 3$

(3) $a = 11$, $b = 5$, $c = 7$

SPIRAL B

*153　次の △ABC において，a, b, c を大きい方から順に並べよ。

(1) $\angle A = 45°$, $\angle B = 60°$

(2) $\angle A = 115°$, $\angle B = 50°$

154　次の △ABC において，∠A，∠B，∠C を大きい方から順に並べよ。

(1) $a = 3$, $b = 4$, $\angle C = 90°$

(2) $\angle A = 120°$, $b = 5$, $c = 7$

155 3 つの線分の長さが次のように与えられているとき，これらを 3 辺の長さとする三角形が存在するように x の値の範囲を定めよ。

(1) x, 5, 6　　　　　　　　　　　(2) x, $x+1$, 7

SPIRAL C ──────────────────

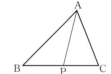

辺と角の大小関係の応用

例題 8	右の図の △ABC において，辺 BC 上に頂点と異なる点 P をとる。このとき，次のことを証明せよ。 (1) AB > AC ならば AB > AP (2) 2AP < AB + BC + CA

証明	(1) AB > AC ならば ∠C > ∠B　　　……①
	また　　　　　∠APB = ∠C + ∠CAP
	より　　　　　∠APB > ∠C　　　　……②
	①，②より　∠APB > ∠B
	よって，△ABP において
	∠APB > ∠B
	より　　　　　AB > AP　終
	(2) △ABP において　　AP < AB + BP　……③
	△APC において　　AP < AC + PC　……④
	③，④の辺々をたすと
	2AP < AB + (BP + PC) + AC
	よって　　　2AP < AB + BC + CA　終

156 右の図のように，∠C = 90° の直角三角形 ABC の辺 BC 上に頂点と異なる点 P をとる。このとき，

　　AC < AP < AB

であることを証明せよ。

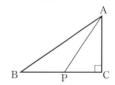

157 右の図の △ABC において，∠B，∠C の二等分線の交点を P とする。このとき，

　　AB > AC ならば PB > PC

であることを証明せよ。

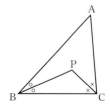

2節　円の性質

∴1 ┃ 円に内接する四角形

1 円に内接する四角形の性質

▶教 p.86〜p.89

四角形が円に内接するとき，次の性質が成り立つ。

[1]　向かい合う内角の和は 180° である。

[2]　1 つの内角は，それに向かい合う内角の外角に等しい。

2 四角形が円に内接する条件

次の [1]，[2] のいずれかが成り立つ四角形は，円に内接する。

[1]　向かい合う内角の和が 180° である。

[2]　1 つの内角が，それに向かい合う内角の外角に等しい。

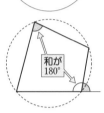

SPIRAL A

158 次の図において，四角形 ABCD は円 O に内接している。このとき，α，β を求めよ。

▶教 p.87 例1

*(1)
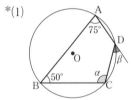

(2)
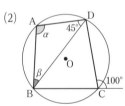

*(3)
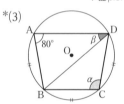

***159** 次の四角形 ABCD のうち，円に内接するものはどれか答えよ。　▶教 p.89 例2

(ア)
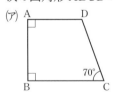

(イ)
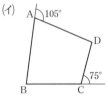

(ウ)
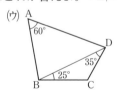

*160 右の図の AD ∥ BC の台形 ABCD において，
∠B = ∠C ならば，この台形 ABCD は円に内接する
ことを示せ。　　　　　　　　　　▶國 p.89 例2

SPIRAL　B

161 次の図において，θ を求めよ。

*(1)　　　　　　(2)　　　　　　　　(3)

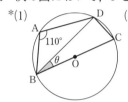 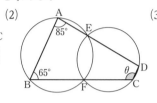 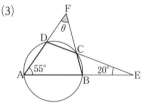

SPIRAL　C

例題 **9**

─── 円に内接する四角形

右の図の △ABC において，辺 BC，CA，AB の中点
をそれぞれ D，E，F とし，頂点 A から辺 BC におろ
した垂線を AH とする。このとき，4 点 D, H, E, F
は同一円周上にあることを証明せよ。

考え方　四角形 DHEF が円に内接する条件を満たすことを示す。

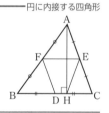

証明　中点連結定理より，四角形 DCEF は平行四辺形であるから
　　　　　　　∠EFD = ∠DCE　……①
また，直角三角形 AHC は，点Eを中心とする円に内接するから，EC = EH であり，
△EHC は二等辺三角形である。
ゆえに　　　　∠EHC = ∠DCE　……②
①，②より　　∠EFD = ∠EHC
よって，四角形 DHEF は円に内接する。
したがって，4 点 D, H, E, F は同一円周上にある。　　終

---

162 右の図の △ABC において，頂点 A から BC におろ
した垂線を AD とし，D から AB，AC におろした
垂線をそれぞれ DE，DF とする。このとき，4 点
B，C，F，E は同一円周上にあることを証明せよ。

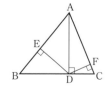

ヒント　162 四角形 BCFE が円に内接する条件である ∠B + ∠EFC = 180° を示す。

:2　円の接線と弦のつくる角

▶数 p.90〜p.93

1 円の接線

[1]　円の接線は，接点を通る半径に垂直である。

[2]　円の外部の1点からその円に引いた2本の接線の長さは等しい。

 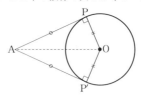

2 接線と弦のつくる角（接弦定理）

円の接線 AT と接点 A を通る弦 AB のつくる角は，
その角の内部にある弧 AB に対する円周角に等しい。
すなわち

$$\angle\text{TAB} = \angle\text{ACB}$$

SPIRAL A

*163　右の図において，△ABC の内接円Oと辺BC，
CA，AB との接点を，それぞれ P，Q，R とする。
このとき，辺 AB の長さを求めよ。　▶数 p.90 例3

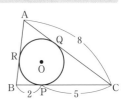

*164　AB = 6，BC = 8，CA = 7 である △ABC の内接
円Oと辺BC，CA，AB との接点を，それぞれ点 P，
Q，R とする。このとき，AR の長さを求めよ。

▶数 p.91 例題1

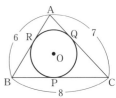

165 次の図において，AT は円 O の接線，A は接点である。このとき，θ を求めよ。

▶國 p.92 例4, p.93 例題2

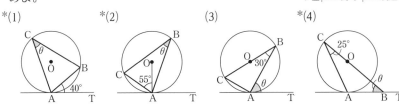

*(1)　　　　　*(2)　　　　　(3)　　　　　*(4)

SPIRAL **B**

*166 右の図のように，AB = 7，BC = 8，DA = 4 である四角形 ABCD の各辺が円 O に接するとき，辺 CD の長さを求めよ。

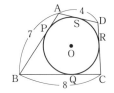

167 次の図において，AT は円 O の接線，A は接点である。このとき，θ を求めよ。

▶國 p.92 例4, p.93 例題2

(1)　　　　　　　　　　(2)　　　　　　　　　(3)

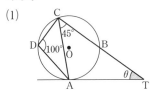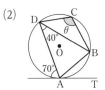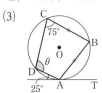

*168 右の図において，AP，BP は円 O の接線，A，B はその接点である。このとき，θ を求めよ。

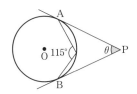

169 右の図のように，円 O に内接する △ABC において，∠BAC の二等分線が円 O と交わる点を P とする。このとき，P における円 O の接線 PT と辺 BC は平行であることを示せ。

ヒント　166 AP = x とおき，各頂点から引いた接線の長さを x で表す。

⦂3 方べきの定理

■ 方べきの定理 (1)
▶敎 p.94〜p.95

円の2つの弦 AB, CD の交点，または，それらの延長
の交点をPとするとき

$$PA \cdot PB = PC \cdot PD$$

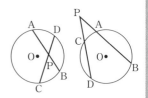

2 方べきの定理 (2)

円の弦 AB の延長と円周上の点 T における接線が点 P で
交わるとき

$$PA \cdot PB = PT^2$$

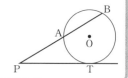

SPIRAL A

*170 次の図において，x を求めよ。
▶敎 p.94 例5

(1)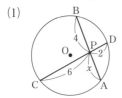

(2)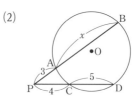

*171 次の図で，PT が円 O の接線，T が接点であるとき，x を求めよ。

▶敎 p.95 例6

(1)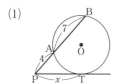

(2)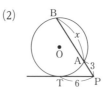

(3)

SPIRAL B

*172 次の図において，x を求めよ。ただし，O は円の中心である。

(1)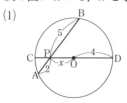

(2)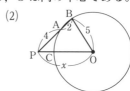

173 右の図のように，2点 A，B で交わる2つの円 O，
O′ の共通接線の接点を S，T とするとき，2直線
AB，ST の交点 P は，線分 ST の中点であること
を示せ。

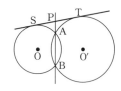

174 右の図のように，点 O を中心とする半径3の円
と半径5の円がある。半径3の円周上の点 P を
通る直線が，半径5の円と交わる点を A，B とす
るとき，PA·PB の値を求めよ。

SPIRAL **C**

例題
10

右の図のように，2点 X，Y で交わる2つの円 O，
O′ がある。円 O の弦 AB と円 O′ の弦 CD が，
線分 XY 上の点 P で交わるとき，4点 A，B，C，
D は同一円周上にあることを証明せよ。

方べきの定理の逆

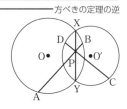

考え方　次の**方べきの定理の逆**を用いる。
　　2つの線分 AB，CD，または，それらの延長が点 P で交わるとき，
　　　　　　　　PA·PB = PC·PD
　　が成り立つならば，4点 A，B，C，D は同一円周上にある。

証明　4点 A，B，X，Y は円 O の周上にあるから，方べきの定理より
　　　　　　　　PA·PB = PX·PY　……①
　　また，4点 C，D，X，Y は円 O′ の周上にあるから，同様に
　　　　　　　　PC·PD = PX·PY　……②
　　①，②より　　　　PA·PB = PC·PD
　　よって，方べきの定理の逆より，4点 A，B，C，D は同一円周上にある。　終

175 右の図のように，点 X で接する2つの円 O，
O′ がある。円 O の弦 AB および円 O′ の弦
CD の延長が，点 X における接線上の点 P
で交わるとき，4点 A，B，C，D は同一円周
上にあることを証明せよ。

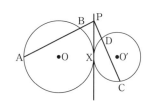

:4 | 2つの円

■ 2つの円の位置関係

▶教 p.96〜p.97

2つの円の半径をそれぞれ r, r' $(r > r')$, 中心間の距離を d とするとき, 2つの円の位置関係は次の5つの場合に分類される。

離れている	外接する	2点で交わる	内接する	内側にある
$d > r + r'$	$d = r + r'$	$r - r' < d < r + r'$	$d = r - r'$	$d < r - r'$

■ 2つの円の共通接線

2つの円の共通接線は, 次のようになる。

① 離れているとき

4本

② 外接するとき

3本

③ 2点で交わるとき

2本

④ 内接するとき

1本

⑤ 内側にあるとき

共通接線はない

SPIRAL A

*176 半径が r と5の2つの円がある。2つの円は中心間の距離が8のときに外接する。2つの円が内接するときの中心間の距離を求めよ。 ▶教 p.96

*177 半径がそれぞれ7, 4である2つの円 O, O' について, 中心 O と O' の距離が次のような場合, 2つの円の位置関係を答えよ。また, 共通接線は何本あるか。 ▶教 p.96, 97

(1) 13　　　　　　(2) 11　　　　　　(3) 6

*178 次の図において，AB は円 O，O′ の共通接線で，A，B は接点である。このとき，線分 AB の長さを求めよ。　　　　　　　　　　　▶教 p.97 例7

(1) 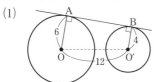　　　　(2)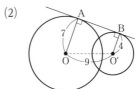

*179 右の図において，AB は円 O，O′ の共通接線で，A，B は接点である。このとき，線分 AB の長さを求めよ。　　　　　　　　　▶教 p.97 例7

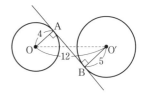

SPIRAL B

共通接線の利用

例題 11	右の図において，円 O と円 O′ は点 P で外接している。AB は 2 つの円の共通接線で，A，B はその接点である。このとき，∠APB = 90° であることを証明せよ。

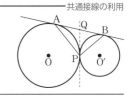

証明　点 P における 2 つの円の共通接線と直線 AB の交点を Q とすると，円の接線の性質から
$$QA = QP = QB$$
よって，点 Q は △APB の外心であり，線分 AB はその直径である。
したがって，∠APB は直径 AB に対する円周角であるから
$$∠APB = 90°　終$$

180 右の図において，円 O と円 O′ は点 P で外接している。点 P を通る 2 本の直線が 2 つの円とそれぞれ A，B および C，D で交わるとき，AC ∥ DB であることを証明せよ。

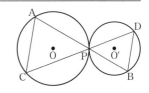

3節 作図

▷1 作図

▶教 p.99~p.102

🟦 内分する点，外分する点の作図

① 線分 AB を 2:1 に
内分する点 P の作図

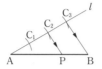

② 線分 AB を 4:1 に
外分する点 Q の作図

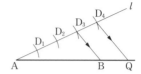

🟦 いろいろな長さの線分の作図

長さ 1 および長さ a，b の線分が与えられたとき，次の長さの線分の作図ができる。

(1) $a+b$，$a-b$ の長さの線分

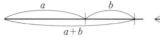 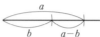

(2) ab，$\dfrac{a}{b}$ の長さの線分

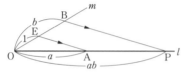 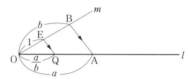

(3) $\sqrt{a}$ の長さの線分

① 3点 A, B, C を AB = 1, BC = a となるように同一
直線上にとる。
② 線分 AC の中点 O を求め，OA を半径とする円をかく。
③ 点 B を通り AC に垂直な直線を引き，円 O との交点
を D, D′ とする。このとき，線分 BD の長さが $\sqrt{a}$ と
なる。

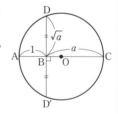

SPIRAL A

*181 右の図の線分 AB を 1:2 に内分する点 P と，
6:1 に外分する点 Q をそれぞれ作図せよ。

A ——————————————— B

▶教 p.100 例2

*182 下の図の長さ a, b の線分を用いて，長さ $2a - 3b$ の線分を作図せよ。

*183 下の図の長さ1および a, b, c の線分を用いて，長さ ab および $\dfrac{ab}{c}$ の線分をそれぞれ作図せよ。　　　　　　　　　　　　▶教 p.101 練習3

SPIRAL B

184 右の図の辺 BC を底辺とし，面積が平行四辺形 ABCD の $\dfrac{1}{6}$ である三角形を作図せよ。

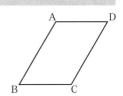

*185 下の図の長さ1の線分を用いて，長さ $\sqrt{3}$ の線分を作図せよ。
　　　　　　　　　　　　　　　　　　　　　　▶教 p.102 応用例題1

186 右の図の長方形 ABCD と面積が等しい正方形を作図せよ。また，その作図が正しいことを証明せよ。
　　　　　　　　　　　　▶教 p.102 応用例題1

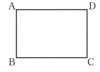

4節　空間図形

▶𝗧p.104〜p.108

◈1 ├─ 空間における直線と平面

1 2直線の位置関係

① 交わる　　　　　② 平行である　　　　③ ねじれの位置にある

　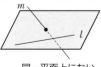

同一平面上にある　　　　　　　　　　同一平面上にない

2 2直線のなす角

　2直線 l, m に対し，任意の点 O を通り，l, m に平行な直線 l', m' を引くと，l', m' のなす角は点 O のとり方に関係なく一定である。この角を**2直線 l, m のなす角**という。

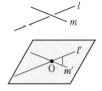

3 2平面のなす角

　2平面 α, β が交わるとき，交線上の点 O を通って，交線に垂直な直線 OA，OB をそれぞれ平面 α, β 上に引く。このとき，OA，OB のなす角を，**2平面 α, β のなす角**という。

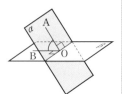

4 直線と平面の垂直

　直線 l が平面 α 上のすべての直線と垂直であるとき，l と α は**垂直**であるといい，$l \perp \alpha$ と書く。

　直線 l が平面 α 上の交わる2直線 m, n に垂直であれば，$l \perp \alpha$ である。

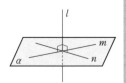

5 三垂線の定理

[1]　$PO \perp \alpha$, $OA \perp l$　ならば　$PA \perp l$
[2]　$PO \perp \alpha$, $PA \perp l$　ならば　$OA \perp l$
[3]　$PA \perp l$, $OA \perp l$, $PO \perp OA$　ならば　$PO \perp \alpha$

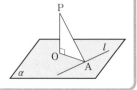

第2章　図形の性質

SPIRAL A

*187 右の図の三角柱 ABC-DEF において，辺 AB とねじれの位置にある辺をすべてあげよ。　▶ 教 p.105 例1

*188 右の図の立方体 ABCD-EFGH において，次の2直線のなす角を求めよ。　▶ 教 p.105 例2

(1)　AD，BF　　　(2)　AB，EG

(3)　AB，DE　　　(4)　BD，CH

*189 右の図の底面が正三角形である三角柱 ABC-DEF において，次のものを求めよ。　▶ 教 p.106 例3

(1)　平面 DEF と平行な平面

(2)　平面 DEF と交わる平面

(3)　2平面 ABC，ADEB のなす角

(4)　2平面 ADEB，BEFC のなす角

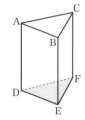

*190 右の図の直方体 ABCD-EFGH において，次のものをすべて求めよ。

(1)　辺 AD と平行な辺　　　▶ 教 p.105 例1, p.107 例4

(2)　辺 AD と交わる辺

(3)　辺 AD とねじれの位置にある辺

(4)　辺 AD と平行な平面

(5)　辺 AD を含む平面

(6)　辺 AD と交わる平面

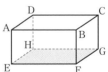

*191 右の図のように，△ABC の頂点Aから辺 BC におろした垂線上に点Hをとり，Hを通って平面 ABC に垂直な直線上の点をPとする。このとき，PA ⊥ BC であることを証明せよ。　▶ 教 p.108

SPIRAL **B**

192 右の図の三角柱 ABC-DEF において, 次のものを
求めよ。　　　　　　　▶教 p.105 例2, P.106 例3

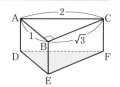

(1) 2直線 AC, BE のなす角
(2) 2直線 BC, DF のなす角
(3) 2平面 ABC, ADEB のなす角
(4) 2平面 BEFC, ADFC のなす角

193 直線 l で交わる2平面 α, β があり, 2平面上にな
い点 P から α, β におろした垂線をそれぞれ PA,
PB とする。このとき, AB $\perp$ l であることを示
せ。　　　　　　　　　　　　　▶教 p.107

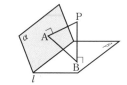

正四面体の高さ

| 例題 12 | 右の図の正四面体 ABCD において, 辺 CD の中点をMとし, 頂点 A から線分 BM におろした垂線を AH とする。
このとき, AH と 平面 BCD は垂直になることを証明せよ。　▶教 p.108 |

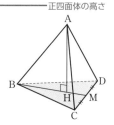

| 証明 | $\triangle$ACD は正三角形であるから　　AM $\perp$ CD
$\triangle$BCD も正三角形であるから　　BM $\perp$ CD　すなわち　HM $\perp$ CD
また, AH $\perp$ BM より　　　　　　AH $\perp$ HM
よって, 三垂線の定理より　　　　AH $\perp$ 平面 BCD　終 |

194 右の図のような四面体 OABC がある。
OA $= 1$, OB $= 2\sqrt{3}$, OC $= 2$ であり,
OA $\perp$ OB, OB $\perp$ OC, OC $\perp$ OA である。
O から BC におろした垂線の足をDとするとき,
次の問いに答えよ。

(1) OD の長さを求めよ。　　(2) AD $\perp$ BC を証明せよ。
(3) AD の長さを求めよ。　　(4) $\triangle$ABC の面積を求めよ。

第2章
図形の性質

⚛2　多面体

1 多面体

▶數 p.109〜p.110

(1)　多面体

　いくつかの平面だけで囲まれた立体を**多面体**という。とくに，どの面を延長しても，その平面に関して一方の側だけに多面体があるような，へこみのない多面体を**凸多面体**という。

四角柱　　　　　五角柱　　　　　四角錐　　　　　六角錐

(2)　正多面体

　すべての面が合同な正多角形で，どの頂点にも面が同じ数だけ集まっている多面体を**正多面体**という。

　正多面体には，正四面体，正六面体，正八面体，正十二面体，正二十面体の 5 種類がある。

	頂点の数 v	辺の数 e	面の数 f
正四面体	4	6	4
正六面体	8	12	6
正八面体	6	12	8
正十二面体	20	30	12
正二十面体	12	30	20

正四面体　　　　　正六面体　　　　　正八面体

正十二面体　　　　　正二十面体

2 オイラーの多面体定理

　凸多面体の頂点の数を v，辺の数を e，面の数を f とすると

$$v - e + f = 2$$

*195 次の多面体について，頂点の数 v，辺の数 e，面の数 f を求め，
$v-e+f$ の値を計算せよ。　　　　　　　　　　　　▶敎p.110練習6
　　(1)　三角柱　　　　　　　　　　(2)　四角錐

*196 右の図の多面体について，頂点の数 v，辺の数 e，
面の数 f を求め，$v-e+f$ の値を計算せよ。
　　　　　　　　　　　　　▶敎p.110練習6

197　n を 3 以上の整数とし，底面が正 n 角形の n 角錐を S とする。
　　　2 つの合同な n 角錐 S の底面を重ねてできた多面体について，頂点の数 v，
　　　辺の数 e，面の数 f の値を求め，$v-e+f$ の値を計算せよ。

*198 右の図は，2 つの合同な正四面体の底面を重ねてで
　　　きた多面体である。この多面体が正多面体ではない
　　　理由をいえ。

199　右の図のような正四面体の 6 つの辺の中点を頂点と
　　　する多面体は，どのような多面体か。理由もあわせ
　　　て答えよ。

第2章 図形の性質

SPIRAL C

正八面体の計量

例題 **13**　1辺の長さが6である正八面体 ABCDEF について，
次の問いに答えよ。　　　▶教 p.111思考力 ✚

(1)　体積 V を求めよ。

(2)　内接する球 O の半径 r を求めよ。

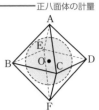

解　(1)　辺 BC と辺 DE の中点をそれぞれ点 G, H とし，EC と BD の交点を O とする。このとき，AG ⊥ BC, OG ⊥ BC, OG ⊥ AO であるから，三垂線の定理より AO は平面 BCDE に垂直である。

△AGO において
$$AG = \frac{\sqrt{3}}{2}AB = \frac{\sqrt{3}}{2} \times 6 = 3\sqrt{3}, \ OG = \frac{1}{2}BE = \frac{1}{2} \times 6 = 3$$

であるから
$$AO = \sqrt{AG^2 - OG^2} = \sqrt{(3\sqrt{3})^2 - 3^2} = 3\sqrt{2}$$

正方形 BCDE の面積 S は　　$S = BC^2 = 6^2 = 36$

ゆえに，四角錐 ABCDE の体積は
$$\frac{1}{3} \times S \times AO = \frac{1}{3} \times 36 \times 3\sqrt{2} = 36\sqrt{2}$$

よって
$$V = 2 \times 36\sqrt{2} = \mathbf{72\sqrt{2}} \quad 答$$

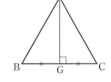

(2)　$$\triangle ABC = \frac{1}{2} \times 6 \times 3\sqrt{3} = 9\sqrt{3}$$

であるから，三角錐 OABC の体積は
$$\frac{1}{3} \times \triangle ABC \times r = \frac{1}{3} \times 9\sqrt{3} \times r = 3\sqrt{3}\,r$$

O を頂点，各面を底面とするほかの三角錐の体積も同じであるから，正八面体 ABCDEF の体積 V は
$$V = 3\sqrt{3}\,r \times 8$$

と表される。(1)より $V = 72\sqrt{2}$ であるから，$72\sqrt{2} = 3\sqrt{3}\,r \times 8$ より
$$r = \frac{72\sqrt{2}}{3\sqrt{3} \times 8} = \sqrt{6} \quad 答$$

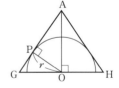

200　1辺の長さが4である正四面体 ABCD について，
次の問いに答えよ。

(1)　正四面体の体積 V を求めよ。

(2)　この正四面体に内接する球の半径 r を求めよ。

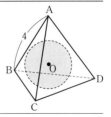

ヒント　200　球の中心から正四面体の各面までの距離は等しく，r である。

1節 数と人間の活動

:·2 n 進法

１ 2進法
  $1,\ 2,\ 2^2,\ 2^3,\ \cdots\cdots$ を位取りの単位とする記数法。
  数の右下に $_{(2)}$ をつけて，$101_{(2)}$ のように表す。

２ n 進法
  2以上の自然数 n の累乗を位取りの単位とする記数法。
  数の右下に $_{(n)}$ をつけて書く。

▶教p.120〜p.121

SPIRAL A

201 2進法で表された次の数を10進法で表せ。　　　　　　　▶教p.120例4

  *(1)　$111_{(2)}$　　　　　(2)　$1001_{(2)}$　　　　　*(3)　$10110_{(2)}$

202 10進法で表された次の数を2進法で表せ。　　　　　　　▶教p.121例5

  *(1)　15　　　　　　　(2)　33　　　　　　*(3)　60

***203** 次の問いに答えよ。　　　　　　　　　　　　　　　　▶教p.121例6

  (1)　5進法で表された $143_{(5)}$ を10進法で表せ。
  (2)　10進法で表された13を3進法で表せ。

SPIRAL B

— n 進法の応用 [1]

例題 14	2進法で表された $10010_{(2)}$ を3進法で表せ。

解　2進法で表された $10010_{(2)}$ を10進法で表すと
　　　　$1\times 2^4+0\times 2^3+0\times 2^2+1\times 2+0\times 1=18$
　　10進法で表された18を3進法で表すと
　　　　$18=2\times 3^2+0\times 3+0=200_{(3)}$
　　よって，2進法で表された数 $10010_{(2)}$ を3進法で表すと　**$200_{(3)}$**　答

　　　　　　　　　　　　　　　　　　3) 18
　　　　　　　　　　　　　　　　　3) 6 … 0
　　　　　　　　　　　　　　　　　3) 2 … 0
　　　　　　　　　　　　　　　　　　 0 … 2

***204** 3進法で表された数 $2100_{(3)}$ を2進法で表せ。

───── n 進法の応用 [2]

例題 15

10 進法で表された 42 を n 進法で表すと $222_{(n)}$ であるという。自然数 n を求めよ。

解 $222_{(n)}$ を 10 進法で表すと
$$2 \times n^2 + 2 \times n + 2 \times 1 = 2n^2 + 2n + 2$$
これが 42 に等しいから
$$2n^2 + 2n + 2 = 42$$
$$n^2 + n - 20 = 0$$
$$(n+5)(n-4) = 0$$
n は 3 以上の自然数であるから
$$n = 4 \quad 答$$

205 10 進法で表された 51 を n 進法で表すと $123_{(n)}$ であるという。自然数 n を求めよ。

206 10 進法で表された正の整数 N を 5 進法と 7 進法で表すと，それぞれ 3 桁の数 $abc_{(5)}$，$cab_{(7)}$ になるという。a，b，c の値を求めよ。
また，正の整数 N を 10 進法で表せ。

SPIRAL C

───── n 進法の小数

例題 16

(1) $0.101_{(2)}$ を 10 進法の小数で表せ。

(2) 0.375 を 2 進法で表せ。

考え方 10 進法の小数 0.234 は $0.234 = 2 \times \dfrac{1}{10} + 3 \times \dfrac{1}{10^2} + 4 \times \dfrac{1}{10^3}$

n 進法では小数点以下の位は $\dfrac{1}{n}$ の位，$\dfrac{1}{n^2}$ の位，$\dfrac{1}{n^3}$ の位，……

解 (1) $0.101_{(2)} = 1 \times \dfrac{1}{2} + 0 \times \dfrac{1}{2^2} + 1 \times \dfrac{1}{2^3} = 0.5 + 0 + 0.125 = \mathbf{0.625}$ 答

(2) $0.375 = \dfrac{375}{1000} = \dfrac{3}{8} = \dfrac{2+1}{8} = \dfrac{1}{4} + \dfrac{1}{8}$

$= 0 \times \dfrac{1}{2} + 1 \times \dfrac{1}{2^2} + 1 \times \dfrac{1}{2^3}$

$= \mathbf{0.011_{(2)}}$ 答

207 次の問いに答えよ。

(1) $0.421_{(5)}$ を 10 進法の小数で表せ。

(2) 0.672 を 5 進法で表せ。

❖3　約数と倍数

▶教p.122〜p.127

■ 約数と倍数
整数 a と 0 でない整数 b について
$$a = bc$$
を満たす整数 c が存在するとき　　b は a の**約数**，a は b の**倍数**
である。

■ 倍数の判定法
2 の倍数…… 一の位の数が 0，2，4，6，8 のいずれかである。
3 の倍数…… 各位の数の和が 3 の倍数である。
4 の倍数…… 下 2 桁が 4 の倍数である。
5 の倍数…… 一の位の数が 0 または 5 である。
8 の倍数…… 下 3 桁が 8 の倍数である。
9 の倍数…… 各位の数の和が 9 の倍数である。

■ 素数
1 とその数自身以外に正の約数がない 2 以上の自然数。
例　2，3，5，7，11，13，17，19，23，29，……

■ 素因数分解
自然数を素数の積で表すこと。
例　60 を素因数分解すると　　$60 = 2^2 \times 3 \times 5$

SPIRAL A

208 次の数の約数をすべて求めよ。　　▶教p.122例7
*(1)　18　　　　(2)　63　　　　*(3)　100

*209 整数 a，b が 7 の倍数ならば，$a+b$ と $a-b$ も 7 の倍数であることを証明
せよ。　　▶教p.123例題1

*210 次の数のうち，4 の倍数はどれか。　　▶教p.124例8
① 232　　② 345　　③ 424
④ 378　　⑤ 568　　⑥ 2096

*211 次の数のうち，3 の倍数はどれか。　　▶教p.125例9
① 102　　② 369　　③ 424
④ 777　　⑤ 1679　　⑥ 6543

*212 次の数のうち，9 の倍数はどれか。　　▶教p.125練習10
① 123　　② 264　　③ 342
④ 585　　⑤ 3888　　⑥ 4376

*213 次の数のうち，素数はどれか。

① 23　　　　② 39　　　　③ 41　　　　④ 56

⑤ 67　　　　⑥ 79　　　　⑦ 87　　　　⑧ 91

*214 次の数を素因数分解せよ。　　　　　　　　　　　　▶國p.126 例10

(1) 78　　　　(2) 105　　　　(3) 585　　　　(4) 616

215 次の数が自然数になるような最小の自然数 n を求めよ。　▶國p.126 例題2

(1) $\sqrt{27n}$　　　　(2) $\sqrt{126n}$　　　　(3) $\sqrt{378n}$

SPIRAL B

約数の個数

例題 17 72 の正の約数の個数を求めよ。

解　72 を素因数分解すると　　$72 = 2^3 \times 3^2$
72 の正の約数は，2^3 の正の約数 1, 2, 2^2, 2^3 の
4 個のうちの 1 つと，3^2 の正の約数 1, 3, 3^2 の
3 個のうちの 1 つの積で表される。
よって，72 の正の約数の個数は　$4 \times 3 = 12$（個）

	1	3	3^2
1	1×1	1×3	1×3^2
2	2×1	2×3	2×3^2
2^2	$2^2 \times 1$	$2^2 \times 3$	$2^2 \times 3^2$
2^3	$2^3 \times 1$	$2^3 \times 3$	$2^3 \times 3^2$

216 次の数について，正の約数の個数を求めよ。

*(1) 128　　　　(2) 243　　　　*(3) 648　　　　(4) 396

217 次の問いに答えよ。

(1) 2 桁の自然数 n は 140 の約数であるという。n の最小値と最大値を求めよ。

(2) 13 は 3 桁の自然数 n の約数であるという。n の最小値と最大値を求めよ。

218 百の位の数が 3，一の位の数が 2 である 3 桁の自然数 n が 3 の倍数であるとき，十の位にあてはまる数をすべて求めよ。

219 1, 2, 3, 4 の 4 つの数が，1 つずつ書かれた 4 枚のカードがある。

(1) この 4 枚のカードを並べて 4 桁の 4 の倍数 N をつくる。このとき N の最大値と最小値を求めよ。

(2) このカードのうち 3 枚を並べて 3 桁の整数をつくるとき，6 の倍数であるものをすべて求めよ。

ヒント　219 (2) 6 の倍数は，2 の倍数かつ 3 の倍数である。

÷4　最大公約数と最小公倍数

▶敦p.128〜p.131

◼ 最大公約数と最小公倍数

公約数　　　2つ以上の整数に共通な約数
最大公約数　公約数の中で最大のもの
公倍数　　　2つ以上の整数に共通な倍数
最小公倍数　正の公倍数の中で最小のもの

◻ 互いに素

　2つの整数 a, b が1以外の正の公約数をもたないとき，すなわち，a, b の最大公約数が1であるとき，a と b は**互いに素**であるという。

　a と b が互いに素，c が正の整数であるとき

(i) ac が b の倍数ならば，c は b の倍数である。

(ii) a の倍数であり，b の倍数でもある整数は，ab の倍数である。

SPIRAL A

*220　次の2つの数の最大公約数を求めよ。　　　　　　　　　　▶敦p.129例13

(1)　12，42　　　　　　(2)　26，39　　　　　　(3)　28，84

(4)　54，72　　　　　　(5)　147，189　　　　　(6)　128，512

*221　次の2つの数の最小公倍数を求めよ。　　　　　　　　　　▶敦p.129例14

(1)　12，20　　　　　　(2)　18，24　　　　　　(3)　21，26

(4)　26，78　　　　　　(5)　20，75　　　　　　(6)　84，126

*222　縦78 cm，横195 cm の長方形の壁に，1辺の長さが x cm の正方形のタイルを隙間なく敷き詰めたい。x の最大値を求めよ。　　　　　▶敦p.130例題3

*223　ある駅の1番線では上り電車が12分おきに発車し，2番線では下り電車が16分おきに発車している。1番線と2番線から同時に電車が発車したあと，次に同時に発車するのは何分後か。　　　　　　　　▶敦p.130例題4

*224　次の2つの整数の組のうち，互いに素であるものはどれか。　▶敦p.131例15

①　6と35　　　　　　②　14と91　　　　　　③　57と75

225　36以下の自然数のうち，36と互いに素である自然数をすべて求めよ。

SPIRAL B

226 次の3つの数の最大公約数を求めよ。

(1) 8, 28, 44　　　(2) 21, 42, 91　　　(3) 36, 54, 90

227 次の3つの数の最小公倍数を求めよ。

*(1) 21, 42, 63　　*(2) 24, 40, 90　　(3) 50, 60, 72

――――――――最大公約数と最小公倍数の性質 [1]

例題 18
正の整数 a と 60 について，最大公約数が 12，最小公倍数が 180 であるとき，a を求めよ。

考え方　2つの正の整数 a と b の最大公約数を G，最小公倍数を L とするとき
① $a = Ga'$, $b = Gb'$　　　② $L = Ga'b'$　　　③ $ab = GL$

解　　　$60a = 12 \times 180$　　←$ab = GL$

よって　　$a = \dfrac{12 \times 180}{60} = \mathbf{36}$　答

***228** 正の整数 a と 64 について，最大公約数が 16，最小公倍数が 448 であるとき，a を求めよ。

SPIRAL C

229 91 以下の自然数のうち，91 と互いに素である数の個数を求めよ。

――――――――最大公約数と最小公倍数の性質 [2]

例題 19
最大公約数が 14，最小公倍数が 210 であるような 2つの正の整数の組をすべて求めよ。

解　求める2つの正の整数を a, b とし，$a < b$ とする。
a と b の最大公約数は 14 であるから，互いに素である2つの正の整数 a', b' を用いて
$a = 14a'$, $b = 14b'$　　　←$a = Ga'$, $b = Gb'$
と表される。ただし，$0 < a' < b'$ である。
このとき　　$14a' \times 14b' = 14 \times 210$　　←$ab = GL$
より　　　　$a'b' = 15$
ゆえに　　$a' = 1$, $b' = 15$　または　$a' = 3$, $b' = 5$
よって，求める2つの正の整数の組は　　**14, 210 と 42, 70**　答

***230** 最大公約数が 15，最小公倍数が 315 であるような 2つの正の整数の組をすべて求めよ。

5 整数の割り算と商および余り

▶教 p.132〜p.133

1 除法の性質

整数 a と正の整数 b について

$$a = bq + r \qquad \text{ただし, } 0 \le r < b$$

となる整数 q, r が 1 通りに定まる。

q, r を, それぞれ a を b で割ったときの**商**, **余り**という。

2 余りによる整数の分類

すべての整数は, 正の整数 m で割ったときの余りによって

$$mk, \ mk+1, \ mk+2, \ \cdots\cdots, \ mk+(m-1) \qquad \text{ただし, } k \text{ は整数}$$

のいずれかの形に表される。

SPIRAL A

*231 次の整数 a と正の整数 b について, a を b で割ったときの商 q と余り r を用いて, $a = bq + r$ の形で表せ。ただし, $0 \le r < b$ とする。

▶教 p.132 例17

(1) $a = 87, \ b = 7$ (2) $a = 73, \ b = 16$ (3) $a = 163, \ b = 24$

*232 次のような整数 a を求めよ。 ▶教 p.132

(1) a を 12 で割ると, 商が 9, 余りが 4 である。

(2) 190 を a で割ると, 商が 14, 余りが 8 である。

*233 整数 a を 6 で割ると 5 余る。a を 3 で割ったときの余りを求めよ。 ▶教 p.132

*234 n を整数とする。$n^2 - n$ を 3 で割った余りは, 0 または 2 であることを証明せよ。 ▶教 p.133 例題5

SPIRAL B

235 整数 a を 7 で割ると 6 余り, 整数 b を 7 で割ると 3 余る。このとき, 次の数を 7 で割ったときの余りを求めよ。

*(1) $a + b$ *(2) ab (3) $a - b$ (4) $b - a$

負の数の商と余り

例題 20 -13 を 6 で割ったときの商 q と余り r を求めよ。

解 整数 a と正の整数 b について $a = bq + r, \ 0 \le r < b$

となる整数 q と r が, a を b で割ったときの商と余りである。

$-13 = 6q + r$ を満たす q と r は, $0 \le r < 6$ より

$-13 = 6 \times (-3) + 5$

よって, 商は -3, 余りは **5** である。 **答**

---

236 -26 を 7 で割ったときの商と余りを求めよ。

237 a, b を正の整数とする。$a+b$ を 5 で割ると 1 余り，整数 ab を 5 で割ると 4 余る。このとき，a^2+b^2 を 5 で割った余りを求めよ。

238 次のことを証明せよ。
 (1) n は整数とする。n^2 を 3 で割ったときの余りは 2 にならない。
 (2) 3 つの整数 a, b, c が，$a^2+b^2=c^2$ を満たすとき，a, b のうち少なくとも一方は 3 の倍数である。

SPIRAL C

連続する整数の積

例題 21 n が奇数のとき，n^2-1 は 8 の倍数であることを証明せよ。

考え方 連続する 2 つの整数のうち一方は 2 の倍数であるから，それらの積は 2 の倍数である。

証明 n が奇数のとき，n は整数 k を用いて　　$n=2k+1$
と表される。このとき　　$n^2-1=(2k+1)^2-1=4k^2+4k=4k(k+1)$
　ここで，$k(k+1)$ は，連続する 2 つの整数の積であるから 2 の倍数であり，整数 m を用いて
　　$k(k+1)=2m$
と表される。よって
　　$4k(k+1)=4\times 2m=8m$
したがって，n^2-1 は 8 の倍数である。　終

239 n を整数とする。次のことを証明せよ。
 *(1) n^2+n+1 は奇数である。　　(2) n^3+5n は 6 の倍数である。

約数の利用

例題 22 等式 $(x+1)(y-2)=3$ を満たす整数 x, y をすべて求めよ。

解 積が 3 となる整数は，1 と 3 または -1 と -3 であるから
　　$(x+1,\ y-2)=(1,\ 3),\ (-1,\ -3),\ (3,\ 1),\ (-3,\ -1)$
よって　　$(x,\ y)=(0,\ 5),\ (-2,\ -1),\ (2,\ 3),\ (-4,\ 1)$　答

240 次の式を満たす整数 x, y をすべて求めよ。
 (1) $(x+2)(y-4)=5$　　　　(2) $xy-2x+y+3=0$
 (3) $\dfrac{1}{x}+\dfrac{1}{y}=\dfrac{1}{3}$

ヒント 239 (2) 連続する 3 つの整数の積は 6 の倍数であることを用いる。

÷6 ユークリッドの互除法

1 除法と最大公約数の性質
▶國 p.134~p.136

a を b で割ったときの余りを r とすると,
(i) $r \neq 0$ のとき
　a と b の最大公約数は, b と r の最大公約数に等しい。
(ii) $r = 0$ のとき（a が b で割り切れるとき）
　a と b の最大公約数は b

2 ユークリッドの互除法
上の(i), (ii)を利用して, a と b の最大公約数を求める方法。

SPIRAL A

*241 次の ☐ にあてはまる数を求めよ。　▶國 p.136

135 を 15 で割ると, 商は ☐ア, 余りは ☐イ であるから, 135 と 15 の最大公約数は ☐ウ である。

*242 次の ☐ にあてはまる数を求めよ。　▶國 p.136 例18

133 を 91 で割ったときの余りは ☐ア。
よって, 133 と 91 の最大公約数は, 91 と ☐ア の最大公約数に等しい。
91 を ☐ア で割ったときの余りは ☐イ。
よって, 91 と ☐ア の最大公約数は, ☐ア と ☐イ の最大公約数に等しい。
☐ア を ☐イ で割ったときの余りは ☐ウ。
以上より, 133 と 91 の最大公約数は ☐エ である。

*243 次の ☐ にあてはまる数を求めよ。　▶國 p.136 例18

互除法を利用して, 897 と 208 の最大公約数を求めてみよう。

$$897 = 208 \times \boxed{ア} + \boxed{イ}$$
$$208 = \boxed{イ} \times \boxed{ウ} + \boxed{エ}$$
$$\boxed{イ} = \boxed{エ} \times \boxed{オ}$$

よって, 897 と 208 の最大公約数は ☐カ である。

244 互除法を用いて, 次の2数の最大公約数を求めよ。　▶國 p.136 例18

*(1) 273, 63　　*(2) 319, 99　　(3) 325, 143
*(4) 414, 138　　(5) 570, 133　　*(6) 615, 285

SPIRAL **B**

――――――――互除法と最小公倍数

例題
23
2 つの整数 437 と 209 について，次の問いに答えよ。
(1) 互除法を用いて，最大公約数を求めよ。
(2) 最小公倍数を求めよ。

解　(1)　$437 = 209 \times 2 + 19$
　　　　$209 = 19 \times 11$
　　　よって，最大公約数は　**19**　**答**
　(2)　最小公倍数を L とすると
　　　$437 \times 209 = 19L$　より　　　←正の整数 a, b の最大公約数を G,
　　　$L = \dfrac{437 \times 209}{19} = \mathbf{4807}$　**答**　最小公倍数を L とすると　　$ab = GL$

245 互除法を用いて，次の 2 数の最大公約数を求めよ。　　　▶教 p.136
また，最小公倍数を求めよ。
(1)　312, 182　　　　　　　　　　(2)　816, 374

246 アメ玉が 1424 個，チョコレートが 623 個ある。n 人の子どもそれぞれに，
アメ玉 a 個とチョコレート b 個を渡し，余りが出ないようにしたい。n の
最大値と，そのときの a, b を求めよ。

247 右の図のように，縦 448 m，横 1204 m の長方
形の公園のまわりに木を植えたい。縦も横も等
しい間隔で木を植えるとき，木と木の間隔は最
大で何 m になるか。ただし，四隅には木を植
えるものとする。

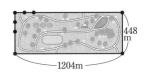

448 m

1204m

――**参考**　**互除法の計算**――――――――
互除法を利用して 552 と 240 の最大公約数を求めるとき，
右の図のように計算することもできる。
①　$552 \div 240 = 2$　余り　**72**
②　$240 \div 72 = 3$　余り　**24**
③　$72 \div 24 = 3$

　　　　　　　　3　3　2
　　　24⟌72⟌240⟌552
　　　　　72　216　480
　　　　　0　24　72

最大公約数は 24

∴7　不定方程式

❶ 不定方程式

▶國 p.137〜p.140

x, y についての 1 次方程式　　$ax + by = c$

　　ただし，a, b, c は整数で，$a \neq 0$, $b \neq 0$

不定方程式の整数解

　　不定方程式 $ax + by = c$ を満たす整数 x, y の組

❷ $ax + by = 0$ の整数解

a, b が互いに素であるとき，$ax + by = 0$ のすべての整数解は

　　$ax = -by$ より

　　$x = bk$, $y = -ak$　　ただし，k は定数

SPIRAL A

248 次の不定方程式の整数解をすべて求めよ。 ▶國 p.137 例19

　*(1)　$3x - 4y = 0$ 　　　　　　(2)　$9x - 2y = 0$

　*(3)　$2x + 5y = 0$ 　　　　　　(4)　$4x + 9y = 0$

　*(5)　$12x + 7y = 0$ 　　　　　(6)　$8x - 15y = 0$

249 次の不定方程式の整数解を 1 つ求めよ。

　(1)　$3x + 2y = 1$ 　　　　　*(2)　$4x - 5y = 1$

　*(3)　$7x + 5y = 1$ 　　　　　(4)　$5x - 4y = 2$

　(5)　$4x + 13y = 3$ 　　　　　*(6)　$11x - 6y = 4$

250 次の不定方程式の整数解をすべて求めよ。 ▶國 p.138 例題6

　*(1)　$2x + 5y = 1$ 　　　　　(2)　$3x - 8y = 1$

　(3)　$11x + 7y = 1$ 　　　　*(4)　$2x - 5y = 3$

　*(5)　$3x + 7y = 6$ 　　　　　(6)　$17x - 3y = 2$

251 次の不定方程式の整数解の 1 つを互除法を利用して求めよ。 ▶國 p.139 例20

　*(1)　$17x - 19y = 1$ 　　　　(2)　$34x - 27y = 1$

　*(3)　$31x + 67y = 1$ 　　　　(4)　$90x + 61y = 1$

SPIRAL B

252 次の不定方程式の整数解をすべて求めよ。　　　▶國p.140応用例題1

*(1)　$17x - 19y = 2$　　　　　(2)　$34x - 27y = 3$

*(3)　$31x + 67y = 4$　　　　　(4)　$90x + 61y = 2$

253 単価 90 円の菓子 A と 120 円の菓子 B がある。
菓子 A を x 個，菓子 B を y 個用いて，ちょうど 1500 円となる菓子の詰め
あわせをつくりたい。菓子 A，B の個数の組 (x, y) をすべて求めよ。

SPIRAL C

254 次の不定方程式が整数解をもつ場合，それらをすべて求めよ。
また，整数解をもたない場合はその理由をいえ。

(1)　$6x + 3y = 1$　　　　　(2)　$4x - 2y = 2$

(3)　$3x - 6y = 3$　　　　　(4)　$4x + 8y = 3$

例題 **24**　　　　　　　　　　　　　　　　　　　 ━ 3元1次不定方程式

$x + 3y + 5z = 12$ を満たす正の整数 x, y, z の組をすべて求めよ。

解　$x + 3y + 5z = 12$ より
　　　　$x + 3y = 12 - 5z$ ……①
x, y は1以上の整数であるから　　$x + 3y \geqq 4$
①より　　$12 - 5z \geqq 4$
　　　　　$5z \leqq 8$
z は1以上の整数であるから　　$z = 1$
①に $z = 1$ を代入すると
　　　　$x + 3y = 7$　　　……②
②を満たす正の整数 x, y の組は
　　　$(x, y) = (1, 2), (4, 1)$
よって，求める正の整数 x, y, z の組は
　　　$(x, y, z) = (1, 2, 1), (4, 1, 1)$　答

255 次の等式を満たす正の整数 x, y, z の組をすべて求めよ。

(1)　$x + 4y + 7z = 16$　　　　　(2)　$x + 7y + 2z = 15$

思考力 PLUS 合同式

1 整数の合同

2つの整数 a, bにおいて，$a-b$ が正の整数 m の倍数であるとき，a と b は m を法として**合同である**といい

$$a \equiv b \ (\text{mod } m)$$

と表す。

このとき，a, b それぞれを m で割った余りは等しい。

2 合同式の性質

$a \equiv b \ (\text{mod } m)$，$c \equiv d \ (\text{mod } m)$ のとき，次の性質が成り立つ。

[1] $a+c \equiv b+d \ (\text{mod } m)$，$a-c \equiv b-d \ (\text{mod } m)$

[2] $ac \equiv bd \ (\text{mod } m)$

[3] $a^n \equiv b^n \ (\text{mod } m)$ n は正の整数

SPIRAL A

*256 次の合同式のうち，正しいものはどれか。

① $39 \equiv 7 \ (\text{mod } 2)$ ② $22 \equiv 53 \ (\text{mod } 6)$

③ $37 \equiv 27 \ (\text{mod } 9)$ ④ $128 \equiv 32 \ (\text{mod } 8)$

257 次の数を 3 で割ったときの余りを求めよ。

*(1) 34×71 (2) 41×83 *(3) 51×112

SPIRAL B

———————————合同式

例題 25 5^7 を 3 で割ったときの余りを求めよ。

解 $5 \equiv 2 \ (\text{mod } 3)$ より $5^2 \equiv 2^2 \ (\text{mod } 3)$ ←$a^n \equiv b^n \ (\text{mod } m)$

ここで，$2^2 = 4 \equiv 1 \ (\text{mod } 3)$ より $5^2 \equiv 1 \ (\text{mod } 3)$

ゆえに，$5^7 = (5^2)^3 \times 5$ において

$(5^2)^3 \times 5 \equiv 1^3 \times 2 \ (\text{mod } 3)$ ←$a^n \equiv b^n \ (\text{mod } m)$, $ac \equiv bd \ (\text{mod } m)$

よって，$1^3 \times 2 = 2$ であるから，5^7 を 3 で割ったときの余りは **2** 答

258 次の数を 3 で割ったときの余りを求めよ。

(1) 4^5 *(2) 5^6

*259 1から9までの整数のうち，次の ☐ にあてはまる数をすべて求めよ。

(1) $35 \equiv \boxed{} \pmod 3$　　(2) $75 \equiv \boxed{} \pmod 4$

(3) $41 \equiv \boxed{} \pmod 5$　　(4) $84 \equiv \boxed{} \pmod 6$

260 次の数を3で割ったときの余りを求めよ。

(1) $17 \times 47 \times 59$　　(2) $2^4 \times 7^3$

261 次の数を7で割ったときの余りを求めよ。

(1) $(25 \times 44) + 69$　　(2) $37^2 + 61^2$

SPIRAL C

合同式の応用

例題 26 n を正の整数とするとき，次の問いに答えよ。

(1) 2^n を3で割った余りが1または2であることを示せ。

(2) $2^{2n+1} + 1$ は3の倍数であることを示せ。

証明 (1) (i) $n = 1$ のとき
$$2^1 = 2 \equiv 2 \pmod 3$$

(ii) $n \geqq 2$ のとき

ある自然数 m を用いて $n = 2m$ または $n = 2m+1$ と表される。

$n = 2m$ のとき

$2^2 = 4 \equiv 1 \pmod 3$ より

$2^{2m} = (2^2)^m = 4^m \equiv 1^m = 1 \pmod 3$

$n = 2m+1$ のとき

$2^{2m+1} = 2^{2m} \times 2 \equiv 1 \times 2 = 2 \pmod 3$

(i)〜(ii)より，2^n を3で割った余りは1または2である。 終

(2) (1)より　$2^{2n+1} + 1 \equiv 2 + 1 = 3 \equiv 0 \pmod 3$

よって　$2^{2n+1} + 1$ は3の倍数である。 終

262 n を正の整数とするとき，次の問いに答えよ。

(1) 3^n を4で割った余りが1または3であることを示せ。

(2) $3^{2n+1} + 1$ は4の倍数であることを示せ。

263 n を正の整数とするとき，n^2 を5で割った余りが，0, 1, 4のいずれかであることを示せ。

2節　図形と人間の活動

| ∴1 | 相似を利用した測量 | ∴2 | 三平方の定理の利用 | ∴3 | 座標の考え方 |

▶教 p.142〜p.148

■1 相似な三角形の辺の比

△ABC ∽ △DEF のとき

AB : DE = BC : EF

BC : EF = AC : DF

AC : DF = AB : DE

■2 三平方の定理

直角三角形の直角をはさむ2辺の長さを a, b, 斜辺の長さを c とすると

$$a^2 + b^2 = c^2$$

■3 座標の考え方

直線上の点の座標　数直線上で対応する実数 a によって点 $\mathrm{P}(a)$ と表す。

平面上の点の座標　直交する2本の数直線を用いて，2つの実数の組で点 $\mathrm{P}(a, b)$ と表す。

空間の点の座標　点Oを原点として，x 軸と y 軸で定まる平面に垂直で点Oを通る直線を z 軸とし，点Pを通って各座標平面に平行な平面と，x 軸，y 軸，z 軸との交点の各座標軸における座標をそれぞれ a, b, c として，3つの実数の組で点 $\mathrm{P}(a, b, c)$ と表す。

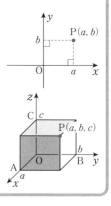

SPIRAL A

264 次の図において △ABC ∽ △DEF である。x, y を求めよ。　▶教 p.142 例1

(1)　　　　　　　　　　　　　　(2)

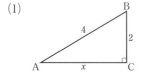 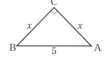

265 身長 1.8 m の人の地面にできる影が 0.6 m であった。このとき，影が 24 m であるビルの高さを求めよ。　▶教 p.143 例2

266 次の直角三角形において，x を求めよ。　▶教 p.144 例3

(1)　　　　　　　　　　　　　　(2)

267 花火の1尺玉は，330 m の高さまで真上に打ち上げられる。花火が開いてからある地点で音が聞こえるまで2秒掛かった。このとき，音が聞こえた地点から花火の打ち上げ地点までの距離は何 m か。小数第1位を四捨五入して求めよ。ただし，音速は秒速 340 m とし，地面から耳までの高さは考えないものとする。

268 地球の半径を 6378 km，東京タワーの展望台の高さを 0.15 km とすると，東京タワーの展望台の点Pから見える一番遠い地点T（地平線）までの距離 PT は何 km か。小数第2位を四捨五入して求めよ。　▶教p.145例4

269 次の座標を数直線上に図示せよ。　▶教p.146例5

(1) A (7)　　(2) B (-2)　　(3) C $\left(\dfrac{9}{2}\right)$　　(4) D $\left(-\dfrac{3}{2}\right)$

270 点 A $(3, -2)$ について，点 A と x 軸，y 軸，原点に関して対称な点をそれぞれ B，C，D とするとき，これらの点の座標を求めよ。　▶教p.146例6

271 右の図において，点 P，Q，R，S の座標，および yz 平面に関して点 P と対称な点 T の座標を求めよ。　▶教p.148例7

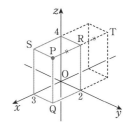

SPIRAL B

272 坂について，(垂直距離)÷(水平距離) の値を勾配といい，水平面に対する傾きの度合いを表す。たとえば，勾配が $\dfrac{1}{10}$ の上り坂を水平に 100 m 進んだとき，上る高さは 10 m である。バリアフリー法では，屋内の坂の勾配を $\dfrac{1}{12}$ 以下と定めている。次の①，②の坂はバリアフリー法の基準を満たしているか調べよ。ただし，坂の傾きは一定であるとする。

① 水平距離 700 cm，坂の距離 703 cm

② 水平距離 600 cm，坂の距離 602 cm

解答

1 (1) $3 \in A$　　(2) $6 \notin A$　　(3) $11 \in A$

2 (1) $A = \{1, 2, 3, 4, 6, 12\}$
(2) $B = \{-2, -1, 0, 1, \cdots\cdots\}$

3 (1) $A \subset B$
(2) $A = B$
(3) $A \supset B$

4 (1) $\varnothing$, $\{3\}$, $\{5\}$, $\{3, 5\}$
(2) $\varnothing$, $\{2\}$, $\{4\}$, $\{6\}$, $\{2, 4\}$, $\{2, 6\}$, $\{4, 6\}$, $\{2, 4, 6\}$
(3) $\varnothing$, $\{a\}$, $\{b\}$, $\{c\}$, $\{d\}$, $\{a, b\}$, $\{a, c\}$, $\{a, d\}$, $\{b, c\}$, $\{b, d\}$, $\{c, d\}$, $\{a, b, c\}$, $\{a, b, d\}$, $\{a, c, d\}$, $\{b, c, d\}$, $\{a, b, c, d\}$

5 (1) $\{3, 5, 7\}$
(2) $\{1, 2, 3, 5, 7\}$
(3) $\{2, 3, 4, 5, 7\}$
(4) $\varnothing$

6 (1) $A \cap B = \{x \mid -1 < x < 4,\ x\ \text{は実数}\}$
(2) $A \cup B = \{x \mid -3 < x < 6,\ x\ \text{は実数}\}$

7 (1) $\{7, 8, 9, 10\}$
(2) $\{1, 2, 3, 4, 9, 10\}$

8 (1) $\{2, 4, 5, 6, 7, 8, 9, 10\}$
(2) $\{4, 8, 10\}$
(3) $\{1, 2, 3, 4, 6, 8, 10\}$
(4) $\{5, 7, 9\}$

9 (1) $A = \{2, 4, 6, 8, 10, 12, 14, 16, 18\}$
(2) $A = \{0, 1, 4\}$

10 (1) $A \cap B = \{4, 8\}$
　　　 $A \cup B = \{2, 4, 6, 8\}$
(2) $A \cap B = \varnothing$
　　　 $A \cup B = \{2, 3, 5, 6, 8, 9, 11, 12, 14, 15, 17, 18\}$

11 (1) $\{10, 11, 13, 14, 16, 17, 19, 20\}$
(2) $\{15\}$

(3) $\{10, 20\}$
(4) $\{10, 11, 12, 13, 14, 16, 17, 18, 19, 20\}$

12 (1) 10　　　　　(2) 11

13 7

14 (1) 5個　　　　(2) 20個

15 (1) 70個　　　(2) 74個

16 (1) 33　　　　(2) 25
(3) 8　　　　　(4) 50

17 (1) 87人　　　(2) 13人

18 31

19 5

20 (1) 72　　　(2) 14　　　(3) 72

21 (1) 12個　　　(2) 71個

22 148人

23 215個

24 $8 \leqq x \leqq 23$

25 18通り

26 15通り

27 6通り

28 (1) 12通り　　(2) 21通り

29 12通り

30 15通り

31 20通り

32 (1) 45 通り　(2) 27 通り

33 54 通り

34 (1) 12 項　(2) 24 項

35 (1) 125 個　(2) 100 個

36 (1) 27 通り　(2) 108 通り
(3) 20 通り

37 (1) 12 通り　(2) 12 通り

38 45 通り

39 (1) 4 個　(2) 12 個
(3) 16 個　(4) 24 個

40 (1) 12　(2) 120
(3) 720　(4) 7

41 60 通り

42 3024 通り

43 (1) 132 通り　(2) 504 通り
(3) 11880 通り

44 120 通り

45 (1) 60 通り　(2) 180 通り

46 720 通り

47 (1) 64 通り　(2) 9 通り
(3) 243 通り

48 (1) 180 通り　(2) 75 通り
(3) 105 通り　(4) 55 通り

49 (1) 288 通り　(2) 144 通り
(3) 480 通り

50 (1) 720 通り　(2) 48 通り
(3) 240 通り

51 192 通り

52 (1) 120 通り　(2) 48 通り
(3) 24 通り

53 30 通り

54 (1) 10　(2) 20
(3) 8　(4) 1

55 (1) 252 通り　(2) 495 通り

56 (1) 28　(2) 10
(3) 66　(4) 364

57 (1) 10 個　(2) 5 本

58 210 通り

59 (1) 210 通り　(2) 420 通り

60 28 試合

61 3240 通り

62 (1) 350 通り　(2) 330 通り
(3) 771 通り

63 (1) 70 通り　(2) 105 通り
(3) 280 通り　(4) 280 通り
(5) 280 通り

64 (1) 60 通り　(2) 18 通り

65 (1) 462 通り　(2) 150 通り
(3) 210 通り　(4) 252 通り
(5) 60 通り

66 315 個

67 360 通り

68 362 通り

69 (1) 7 個　(2) 21 個　(3) 7 個

70 84 通り

71 (1) 28 通り　　(2) 10 通り

72 (1) 36 組　　(2) 15 組

73 全事象　$U = \{1, 2, 3, 4, 5\}$
根元事象　$\{1\}, \{2\}, \{3\}, \{4\}, \{5\}$

74 (1) $\dfrac{1}{3}$　　(2) $\dfrac{2}{3}$

75 (1) $\dfrac{1}{3}$　　(2) $\dfrac{7}{90}$

76 $\dfrac{5}{8}$

77 $\dfrac{1}{4}$

78 (1) $\dfrac{1}{8}$　　(2) $\dfrac{3}{8}$

79 (1) $\dfrac{1}{9}$　　(2) $\dfrac{5}{12}$

80 $\dfrac{1}{120}$

81 $\dfrac{1}{4}$

82 (1) $\dfrac{4}{35}$　　(2) $\dfrac{18}{35}$

83 (1) $\dfrac{1}{15}$　　(2) $\dfrac{7}{15}$

84 (1) $\dfrac{1}{216}$　　(2) $\dfrac{5}{9}$
(3) $\dfrac{1}{8}$　　(4) $\dfrac{1}{8}$

85 (1) $\dfrac{1}{15}$　　(2) $\dfrac{1}{3}$　　(3) $\dfrac{2}{5}$

86 (1) $\dfrac{1}{35}$　　(2) $\dfrac{2}{7}$　　(3) $\dfrac{1}{7}$

87 (1) $\dfrac{2}{7}$　　(2) $\dfrac{1}{7}$

88 $\dfrac{5}{16}$

89 $A \cap B = \{2\}$
$A \cup B = \{2, 3, 4, 5, 6\}$

90 B と C

91 (1) $\dfrac{3}{20}$　　(2) $\dfrac{7}{10}$

92 $\dfrac{1}{3}$

93 $\dfrac{11}{56}$

94 $\dfrac{4}{5}$

95 $\dfrac{33}{100}$

96 (1) $\dfrac{3}{52}$　　(2) $\dfrac{11}{26}$

97 (1) $\dfrac{13}{25}$　　(2) $\dfrac{17}{50}$　　(3) $\dfrac{17}{50}$

98 $\dfrac{20}{21}$

99 $\dfrac{5}{11}$

100 $\dfrac{1}{3}$

101 (1) $\dfrac{1}{10}$　(2) $\dfrac{19}{20}$

102 $\dfrac{1}{3}$

103 (1) $\dfrac{1}{18}$　(2) $\dfrac{2}{9}$

104 $\dfrac{4}{9}$

105 $\dfrac{15}{64}$

106 $\dfrac{8}{27}$

107 $\dfrac{11}{243}$

108 $\dfrac{81}{125}$

109 (1) $\dfrac{12}{35}$　(2) $\dfrac{17}{35}$　(3) $\dfrac{18}{35}$

110 $\dfrac{61}{125}$

111 (1) $\dfrac{8}{27}$　(2) $\dfrac{1}{9}$

112 $\dfrac{26}{27}$

113 $\dfrac{7}{250}$

114 $\dfrac{2133}{3125}$

115 (1) $\dfrac{20}{243}$　(2) $\dfrac{496}{729}$

116 (1) $\dfrac{8}{27}$　(2) $\dfrac{37}{216}$

117 (1) $\dfrac{125}{216}$　(2) $\dfrac{61}{216}$

118 (1) $\dfrac{9}{40}$　(2) $\dfrac{9}{20}$　(3) $\dfrac{9}{23}$

119 $\dfrac{1}{2}$

120 (1) $\dfrac{3}{28}$　(2) $\dfrac{15}{56}$

121 $\dfrac{4}{221}$

122 (1) $\dfrac{2}{7}$　(2) $\dfrac{1}{2}$　(3) $\dfrac{2}{3}$

123 (1) $\dfrac{2}{15}$　(2) $\dfrac{3}{5}$

124 (1) $\dfrac{1}{17}$　(2) $\dfrac{1}{4}$

125 (1) $\dfrac{17}{500}$　(2) $\dfrac{9}{17}$

126 5

127 $\dfrac{3}{2}$ 回

128 79 円

129 7

130 900 点

131 $\dfrac{4}{3}$ 回

132 (1) $x=2,\ y=4$
(2) $x=6,\ y=4$
(3) $x=\dfrac{5}{3},\ y=\dfrac{16}{3}$

第2章 解答

133

134 $x=8$

135 (1) $\dfrac{21}{5}$　(2) $\dfrac{9}{2}$　(3) $\dfrac{63}{10}$

136 (1) $x=10$, $y=13$

(2) $x=3$, $y=\dfrac{7}{2}$

137 Pは線分 AB を 2：1 に**内分** する
　　Qは線分 AB を 5：2 に**外分** する
　　Rは線分 AB を 1：4 に**外分** する

138 (1) DM は ∠AMB の二等分線であるから
　　　AD：DB＝AM：BM ……①
　ME は ∠AMC の二等分線であるから
　　　AE：EC＝AM：CM ……②
　①，②と BM＝CM より
　　　AD：DB＝AE：EC
　よって　　DE∥BC

(2) $\dfrac{15}{4}$

139 PB＝2，PQ＝6

140 AP＝4，AB＝$3\sqrt{5}$

141 (1) 40°　(2) 115°　(3) 130°

142 (1) 30°　(2) 160°　(3) 120°

143 PQ＝1，PR＝2

144 (1) $\dfrac{20}{7}$　　(2) AI：ID＝7：5

145 外心は 点 **P**，重心は 点 **Q**，内心は 点 **R**

146 (1) $x：y＝3：1$
(2) $x：y＝4：5$
(3) $x：y＝2：1$

147 (1) $x：y＝1：6$

(2) $x：y＝9：10$
(3) $x：y＝8：5$

148 (1) BD：DC＝5：2
(2) AE：EC＝5：3

149 (1) AO：OP＝6：1
(2) △OBC：△ABC＝1：7

150 (1) △DAB：△ABC＝5：9
(2) △DBE：△ABC＝5：18

151 (1) **存在しない。**
(2) **存在する。**
(3) **存在しない。**
(4) **存在する。**

152 (1) ∠C＞∠A＞∠B
(2) ∠B＞∠A＞∠C
(3) ∠A＞∠C＞∠B

153 (1) $c＞b＞a$
(2) $a＞b＞c$

154 (1) ∠C＞∠B＞∠A
(2) ∠A＞∠C＞∠B

155 (1) $1＜x＜11$
(2) $x＞3$

156　△ABC において，∠C＝90° であるから
辺 AB の長さが最大である。
よって　　AC＜AB
　△APC において，∠C＝90° であるから
辺 AP の長さが最大である。
よって　　AC＜AP ……①
　△ABP において，
∠APB＝∠C＋∠CAP＞90° であるから
辺 AB の長さが最大である。
よって　　AP＜AB ……②
したがって，①，②より　　AC＜AP＜AB

157　△ABC において
AB＞AC より　　∠C＞∠B
△PBC において
　　∠PBC＝$\frac{1}{2}$∠B,　∠PCB＝$\frac{1}{2}$∠C
よって，∠PBC＜∠PCB となるから
　　PB＞PC

158　(1) $\alpha=105°$, $\beta=50°$
(2) $\alpha=100°$, $\beta=35°$
(3) $\alpha=100°$, $\beta=40°$

159　(イ), (ウ)

160　AD∥BC より　∠A＋∠B＝180°
∠B＝∠C より　　∠A＋∠C＝180°
よって，向かい合う内角の和が 180° であるから,
台形 ABCD は円に内接する。

161　(1) 20°　　(2) 115°　　(3) 50°

162　∠AED＋∠AFD
　　　＝180°
であるから，四角形
AEDF は円に内接する。
ゆえに
　　∠EAD＝∠EFD
よって，四角形 BCFE において
　　∠EBC＋∠EFC
　＝∠EBC＋∠EFD＋∠DFC
　＝∠EBC＋∠EAD＋90°
　＝90°＋90°＝180°　←∠ADB＝90°
したがって，向かい合う内角の和が 180° である
から，四角形 BCFE は円に内接する。
よって，4 点 B, C, F, E は同一円周上にある。

163　5

164　$\frac{5}{2}$

165　(1) 40°　　(2) 35°
(3) 60°　　　　(4) 40°

166　5

167　(1) 35°　　(2) 110°　　(3) 100°

168　50°

169　円周角の定理より
　　∠BAP＝∠BCP　……①
接線と弦のつくる角の性質より
　　∠CAP＝∠CPT　……②
AP は ∠BAC の二等分線であ
るから
　　∠BAP＝∠CAP　……③
①, ②, ③より　　∠BCP＝∠CPT
したがって　　BC∥PT

170　(1) $x=3$　　(2) $x=9$

171　(1) $x=2\sqrt{11}$　(2) $x=9$
(3) $x=4$

172　(1) $x=\sqrt{6}$　(2) $x=7$

173　円 O において　　PS²＝PA・PB
円 O′ において　　PT²＝PA・PB
よって　　PS²＝PT²
PS＞0, PT＞0 より　　PS＝PT
したがって，P は ST の中点である。

174　16

175　円 O において
　　PB・PA＝PX²　……①
円 O′ において
　　PD・PC＝PX²　……②
①, ②より　　PB・PA＝PD・PC
したがって，方べきの定理の逆より，4 点 A, B,
C, D は同一円周上にある。

176　2

177　(1) **離れている**。共通接線は **4 本**。
(2) **外接する**。共通接線は **3 本**。
(3) **2 点で交わる**。共通接線は **2 本**。

178　(1) $2\sqrt{35}$　　(2) $6\sqrt{2}$

179　$3\sqrt{7}$

180　接点Pにおける2円の共通接線を TT′ とすると，円Oにおける接線と弦のつくる角の性質より

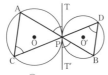

$$\angle ACP = \angle APT \quad \cdots\cdots ①$$

円 O′ における接線と弦のつくる角の性質より

$$\angle BDP = \angle BPT′ \quad \cdots\cdots ②$$

ここで，$\angle APT = \angle BPT′$ であるから　←対頂角
①，②より　　$\angle ACP = \angle BDP$
すなわち　　$\angle ACD = \angle BDC$
よって　　AC∥DB

181　1：2に内分する点

① 点Aを通る直線 l を引き，コンパスで等間隔に3個の点 C_1, C_2, C_3 をとる。

② 点 C_1 を通り，直線 C_3B に平行な直線を引き，線分 AB との交点をPとすれば，Pが求める点である。

6：1に外分する点

① 点Aを通る直線 l を引き，コンパスで等間隔に6個の点 D_1, D_2, D_3, ……, D_6 をとる。

② 点 D_6 を通り，直線 D_5B に平行な直線を引き，線分 AB の延長との交点をQとすれば，Qが求める点である。
（図のように，点 D_6 を通り，直線 D_5B に平行な直線を引くには，3点 D_6, D_5, B を頂点とする平行四辺形をかいてもよい。）

182

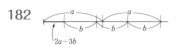

183　長さ ab の線分

① 点Oを通る直線 l, m を引き，l, m 上に OA$=a$，OB$=b$ となる点 A, B をそれぞれとる。

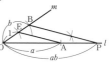

② 直線 m 上に OE$=1$ となる点 E をとる。
③ 点Bを通り，線分 EA に平行な直線を引き，l との交点をPとすれば，OP$=ab$ となる。

長さ $\dfrac{ab}{c}$ の線分

④ さらに，直線 m 上に OC$=c$ となる点Cをとる。
⑤ 点Eを通り，線分 CP に平行な直

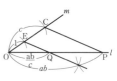

線を引き，l との交点をQとすれば，OQ$=\dfrac{ab}{c}$ となる。

184

① CD 上にコンパスで等間隔に3個の点 E_1, E_2, E_3 をとる。
② 点 E_1 を通り，直線 AE$_3$ に平行な直線を引き，線分 AC との交点をFとすれば，△FBC が求める三角形である。

185

① 長さ1の線分 AB の延長上に，BC$=3$ となる点Cをとる。
② 線分 AC の中点Oを求め，OA を半径とする円をかく。
③ 点Bを通り，AC に垂直な直線を引き，円Oとの交点を D, D′ とすれば，BD$=$BD′$=\sqrt{3}$ である。

186

① 線分 BC の延長上に CD$=$CE となる点Eをとる。
② 線分 BE を直径とする円をかき，直線 CD との交点を F, F′ とする。

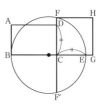

③ 線分 CF を 1 辺とする正方形 FCGH が求める正方形である。

証明 略

187 CF，DF，EF

188 (1) 90° (2) 45°
(3) 90° (4) 60°

189 (1) 平面 ABC
(2) 平面 ADEB，平面 BEFC，平面 ADFC
(3) 90° (4) 60°

190 (1) BC，EH，FG
(2) AB，AE，DC，DH
(3) BF，CG，EF，HG
(4) 平面 BFGC，平面 EFGH
(5) 平面 ABCD，平面 AEHD
(6) 平面 AEFB，平面 DHGC

191 PH⊥平面 ABC
より PH⊥BC
また AH⊥BC
よって，BC は平面 PAH
上の交わる 2 直線に垂直で
あるから
平面 PAH⊥BC
したがって，BC は平面 PAH 上のすべての直線
に垂直であるから PA⊥BC

192 (1) 90° (2) 30°
(3) 90° (4) 30°

193 PA⊥α より PA⊥l
PB⊥β より PB⊥l
ゆえに，l は平面 PAB 上の交わる 2 直線 PA，
PB に垂直であるから
l⊥平面 PAB
よって，l は平面 PAB 上のすべての直線に垂直
であるから
AB⊥l

194 (1) $\sqrt{3}$
(2) AO⊥OB，AO⊥OC より AO⊥△OBC
また，OD⊥BC であるから，
三垂線の定理より AD⊥BC

(3) 2 (4) 4

195 (1) $v=6$，$e=9$，$f=5$
$v-e+f=2$
(2) $v=5$，$e=8$，$f=5$
$v-e+f=2$

196 $v=9$，$e=16$，$f=9$
$v-e+f=2$

197 $v=n+2$
$e=3n$
$f=2n$
$v-e+f=2$

198 3 つの面が集まっている頂点と，4 つの面が集まっている頂点があるから。(正多面体は，どの頂点にも面が同じ数だけ集まっている。)

199 正八面体
理由 この多面体の各辺は，正四面体の辺の中点を結んだ線分であるから，中点連結定理より，その長さは正四面体の辺の長さの $\dfrac{1}{2}$ である。

よって，この多面体の各辺の長さはすべて等しく，各面はすべて正三角形である。 ……①
また，この多面体のどの頂点にも 4 つの面が集まっている。 ……②
①，②より，この多面体は正多面体であり，面の数が 8 個あるから，正八面体である。

200 (1) $\dfrac{16\sqrt{2}}{3}$ (2) $\dfrac{\sqrt{6}}{3}$

201 (1) 7 (2) 9 (3) 22

202 (1) $1111_{(2)}$ (2) $100001_{(2)}$
(3) $111100_{(2)}$

203 (1) 48 (2) $111_{(3)}$

204 $111111_{(2)}$

205 $n=6$

206　$a=2$, $b=3$, $c=1$, $N=66$

207　(1) 0.888　　(2) 0.314$_{(5)}$

208　(1) 1, 2, 3, 6, 9, 18, -1, -2, -3, -6, -9, -18
(2) 1, 3, 7, 9, 21, 63, -1, -3, -7, -9, -21, -63
(3) 1, 2, 4, 5, 10, 20, 25, 50, 100, -1, -2, -4, -5, -10, -20, -25, -50, -100

209　整数 a, b は 7 の倍数であるから，整数 k, l を用いて
　　$a=7k$, $b=7l$
と表される。
　　$a+b=7k+7l=7(k+l)$
　　$a-b=7k-7l=7(k-l)$
ここで，$k+l$, $k-l$ は整数であるから，$7(k+l)$, $7(k-l)$ は 7 の倍数である。
よって，$a+b$ と $a-b$ は 7 の倍数である。

210　①，③，⑤，⑥

211　①，②，④，⑥

212　③，④，⑤

213　①，③，⑤，⑥

214　(1) $2\times3\times13$
(2) $3\times5\times7$
(3) $3^2\times5\times13$
(4) $2^3\times7\times11$

215　(1) 3　　(2) 14　　(3) 42

216　(1) 8 個　　(2) 6 個
(3) 20 個　　(4) 18 個

217　(1) 最小値は 10，最大値は 70
(2) 最小値は 104，最大値は 988

218　1, 4, 7

219　(1) 最大値は 4312，最小値は 1324
(2) 132, 234, 312, 324, 342, 432

220　(1) 6　　　　(2) 13
(3) 28　　　　(4) 18
(5) 21　　　　(6) 128

221　(1) 60　　　　(2) 72
(3) 546　　　　(4) 78
(5) 300　　　　(6) 252

222　39

223　48 分後

224　①

225　1, 5, 7, 11, 13, 17, 19, 23, 25, 29, 31, 35

226　(1) 4　　(2) 7　　(3) 18

227　(1) 126　　(2) 360　　(3) 1800

228　112

229　72 個

230　15, 315 と 45, 105

231　(1) $87=7\times12+3$
(2) $73=16\times4+9$
(3) $163=24\times6+19$

232　(1) $a=112$　　(2) $a=13$

233　2

234　整数 n は，整数 k を用いて，次のいずれかの形で表される。
　　$3k$, $3k+1$, $3k+2$
(i) $n=3k$ のとき
　　$n^2-n=(3k)^2-3k$
　　　　　$=3k(3k-1)$
(ii) $n=3k+1$ のとき
　　$n^2-n=(3k+1)^2-(3k+1)$
　　　　　$=(3k+1)\{(3k+1)-1\}$
　　　　　$=3k(3k+1)$

(iii) $n=3k+2$ のとき
$$n^2-n=(3k+2)^2-(3k+2)$$
$$=(3k+2)\{(3k+2)-1\}$$
$$=(3k+2)(3k+1)$$
$$=9k^2+9k+2$$
$$=3(3k^2+3k)+2$$

以上より，(i)と(ii)の場合は余り0，(iii)の場合は余り2である。

よって，n^2-n を3で割った余りは，0または2である。

235 (1) **2**　　　(2) **4**
(3) **3**　　　　　(4) **4**

236 商は **−4**，余りは **2**

237 **3**

238 (1) 整数 n は，整数 k を用いて，次のいずれかの形で表される。
$$3k,\ 3k+1,\ 3k+2$$
(i) $n=3k$ のとき
$$n^2=(3k)^2=9k^2=3\times3k^2$$
(ii) $n=3k+1$ のとき
$$n^2=(3k+1)^2$$
$$=9k^2+6k+1$$
$$=3(3k^2+2k)+1$$
(iii) $n=3k+2$ のとき
$$n^2=(3k+2)^2$$
$$=9k^2+12k+4$$
$$=3(3k^2+4k+1)+1$$
ゆえに，(i)の場合は余り0，
(ii)，(iii)の場合は余り1
よって，n^2 を3で割ったときの余りは2にならない。
(2) $a^2+b^2=c^2$ を満たすとき，「a，b とも3の倍数でない。」と仮定する。
このとき，(1)の証明の(ii)，(iii)より，a^2，b^2 を3で割った余りは1である。ゆえに，整数 s，t を用いて
$$a^2=3s+1,\ b^2=3t+1$$
と表される。
$$a^2+b^2=(3s+1)+(3t+1)$$
$$=3(s+t)+2$$
よって，a^2+b^2 を3で割った余りは2である。
一方，(1)より c^2 を3で割ったときの余りは2

にならない。すなわち
$$a^2+b^2\neq c^2$$
これは，$a^2+b^2=c^2$ に矛盾する。
したがって，$a^2+b^2=c^2$ を満たすとき，a，b のうち少なくとも一方は3の倍数である。

239 (1) $n^2+n+1=n(n+1)+1$
$n(n+1)$ は連続する2つの整数の積であるから2の倍数であり，整数 k を用いて
$$n(n+1)=2k$$
と表される。よって
$$n^2+n+1=2k+1$$
したがって，n^2+n+1 は奇数である。
(2) $n^3+5n=n(n^2-1)+6n$
$$=n(n+1)(n-1)+6n$$
$$=(n-1)n(n+1)+6n$$
$(n-1)n(n+1)$ は連続する3つの整数の積であるから6の倍数であり，整数 k を用いて
$$(n-1)n(n+1)=6k$$
と表される。よって
$$n^3+5n=6k+6n=6(k+n)$$
$k+n$ は整数であるから，n^3+5n は6の倍数である。

240 (1) $(x,\ y)=(-1,\ 9),\ (-3,\ -1),$
$$(3,\ 5),\ (-7,\ 3)$$
(2) $(x,\ y)=(0,\ -3),\ (-6,\ 3),$
$$(-2,\ 7),\ (4,\ 1)$$
(3) $(x,\ y)=(4,\ 12),\ (12,\ 4),\ (2,\ -6),$
$$(-6,\ 2),\ (6,\ 6)$$

241 ア：**9**　　イ：**0**　　ウ：**15**

242 ア：**42**　　　イ：**7**
ウ：**0**　　　　　エ：**7**

243 ア：**4**　　イ：**65**　　ウ：**3**
エ：**13**　　オ：**5**　　カ：**13**

244 (1) **21**　　　(2) **11**
(3) **13**　　　　(4) **138**
(5) **19**　　　　(6) **15**

245 (1) 最大公約数は 26
　　　　最小公倍数は 2184
(2) 最大公約数は 34
　　最小公倍数は 8976

246 n の最大値は 89
　　　$a=16$, $b=7$

247 28 m

248 (1) $x=4k$, $y=3k$　（kは整数）
(2) $x=2k$, $y=9k$　（kは整数）
(3) $x=5k$, $y=-2k$　（kは整数）
(4) $x=9k$, $y=-4k$　（kは整数）
(5) $x=7k$, $y=-12k$　（kは整数）
(6) $x=15k$, $y=8k$　（kは整数）

249 (1) $x=1$, $y=-1$
(2) $x=-1$, $y=-1$
(3) $x=-2$, $y=3$
(4) $x=2$, $y=2$
(5) $x=4$, $y=-1$
(6) $x=2$, $y=3$

250 (1) $x=5k-2$, $y=-2k+1$　（kは整数）
(2) $x=8k+3$, $y=3k+1$　（kは整数）
(3) $x=7k+2$, $y=-11k-3$　（kは整数）
(4) $x=5k+4$, $y=2k+1$　（kは整数）
(5) $x=7k+2$, $y=-3k$　（kは整数）
(6) $x=3k+1$, $y=17k+5$　（kは整数）

251 (1) $x=9$, $y=8$
(2) $x=4$, $y=5$
(3) $x=13$, $y=-6$
(4) $x=-21$, $y=31$

252 (1) $x=19k+18$, $y=17k+16$
　　　　　　　　　　　　　（kは整数）
(2) $x=27k+12$, $y=34k+15$　（kは整数）
(3) $x=67k+52$, $y=-31k-24$　（kは整数）
(4) $x=61k-42$, $y=-90k+62$　（kは整数）

253 $(2, 11)$, $(6, 8)$, $(10, 5)$, $(14, 2)$

254 (1) ない。
(2) $x=k$, $y=2k-1$　（kは整数）

(3) $x=2k+1$, $y=k$　（kは整数）
(4) ない。

255 (1) $(x, y, z)=(1, 2, 1)$, $(5, 1, 1)$
(2) (x, y, z)
　　$=(2, 1, 3)$, $(4, 1, 2)$, $(6, 1, 1)$

256 ①, ④

257 (1) 2　　　(2) 1　　　(3) 0

258 (1) 1　　　(2) 1

259 (1) 2, 5, 8　(2) 3, 7
(3) 1, 6　　　(4) 6

260 (1) 2　　　(2) 1

261 (1) 0　　　(2) 1

262 (1) (i) $n=1$ のとき
　　　$3^1=3\equiv3\ (\bmod 4)$
(ii) $n\geqq2$ のとき
　　ある自然数 m を用いて $n=2m$ または
　　$n=2m+1$ と表される。
　　$n=2m$ のとき
　　　$3^2=9\equiv1\ (\bmod 4)$ より
　　　　$3^{2m}=(3^2)^m\equiv9^m\equiv1^m=1\ (\bmod 4)$
　　$n=2m+1$ のとき
　　　　$3^{2m+1}=3^{2m}\times3\equiv1\times3=3\ (\bmod 4)$
(i), (ii)より，3^n を 4 で割ったときの余りは 1 または 3 である。
(2) (1)より　$3^{2n+1}+1\equiv3+1=4\equiv0\ (\bmod 4)$
　　よって　$3^{2n+1}+1$ は 4 の倍数である。

263 n を 5 で割ったときの余りは
0, 1, 2, 3, 4 のいずれかである。
(i) $n\equiv0\ (\bmod 5)$ のとき
　　　$n^2\equiv0^2=0\ (\bmod 5)$
(ii) $n\equiv1\ (\bmod 5)$ のとき
　　　$n^2\equiv1^2=1\ (\bmod 5)$
(iii) $n\equiv2\ (\bmod 5)$ のとき
　　　$n^2\equiv2^2=4\ (\bmod 5)$
(iv) $n\equiv3\ (\bmod 5)$ のとき
　　　$n^2\equiv3^2=9\equiv4\ (\bmod 5)$
(v) $n\equiv4\ (\bmod 5)$ のとき

$n^2 \equiv 4^2 = 16 \equiv 1 \pmod 5$

よって，n^2 を 5 で割ったときの余りは 0, 1, 4 の
いずれかである。

264 (1) $x = \dfrac{9}{2}$, $y = \dfrac{5}{3}$

(2) $x = \dfrac{20}{7}$, $y = \dfrac{21}{4}$

265 72 m

266 (1) $2\sqrt{3}$　　(2) $\dfrac{5\sqrt{2}}{2}$

267 595 m

268 43.7 km

269

270 B(3, 2), C(−3, −2), D(−3, 2)

271 P(3, 2, 4), Q(3, 2, 0), R(0, 2, 4),
S(3, 0, 4), T(−3, 2, 4)

272 ① 満たしていない。
② 満たしている。

スパイラル数学A　　　本文基本デザイン——アトリエ小びん

●編　者　実教出版編修部

●発行者　小田　良次

●印刷所　寿印刷株式会社

●発行所　実教出版株式会社

〒102-8377
東京都千代田区五番町5
電話＜営業＞(03)3238-7777
　　＜編修＞(03)3238-7785
　　＜総務＞(03)3238-7700
https://www.jikkyo.co.jp/

002402022　　　　　　　　　　ISBN 978-4-407-36019-6